青少年人工智能编程 启蒙丛书

图形化趣味编程

上

胡佐珍 王宇翔 刘晓蕾 主 编

吴怀丹 饶文阳 何 杨 龚运新 副主编

U0252743

清华大学出版社

北京

内 容 简 介

本书使用 Mind+ 图形化编程软件，采用拖动积木的方式编程，以培养兴趣、锻炼思维为主。本书采用项目式教学体系编写，全书安排 13 个项目，将图形化编程的知识分解到各任务中，以简代繁，化难为易，易学易懂。

本书可作为中小学人工智能入门教材，可作为第三方进校园单位，学校课后服务（托管服务）课程、科创课程教材，可作为校外培训机构和社团机构相关专业教材，也可作为自学人员自学教材及家长培训孩子的指导书。

图书在版编目（CIP）数据

图形化趣味编程 . 上 / 胡佐珍 , 王宇翔 , 刘晓蕾主编 ; 吴怀丹等副主编 . -- 北京 : 清华大学出版社 , 2024. 8. -- (青少年人工智能编程启蒙丛书).

ISBN 978-7-302-67069-8

Ⅰ . TP311.1-49

中国国家版本馆 CIP 数据核字第 202405XA93 号

责任编辑：袁勤勇　杨　枫
封面设计：刘　键
责任校对：郝美丽
责任印制：宋　林

出版发行：清华大学出版社
　　　　网　　　址：https://www.tup.com.cn，https://www.wqxuetang.com
　　　　地　　　址：北京清华大学学研大厦 A 座　　　　邮　　编：100084
　　　　社 总 机：010-83470000　　　　邮　　购：010-62786544
　　　　投稿与读者服务：010-62776969, c-service@tup.tsinghua.edu.cn
　　　　质量反馈：010-62772015, zhiliang@tup.tsinghua.edu.cn
　　　　课件下载：https://www.tup.com.cn,010-83470236
印 装 者：三河市铭诚印务有限公司
经　　销：全国新华书店
开　　本：185mm×260mm　　　　印　张：9.5　　　　字　数：140 千字
版　　次：2024 年 9 月第 1 版　　　　印　次：2024 年 9 月第 1 次印刷
定　　价：39.00 元

产品编号：102980-01

丛书顾问委员会名单

主　任：　郑刚强　　陈桂生

副主任：　谢平升　李　　理

成　员：　汤淑明　　王金桥　　马于涛　　李尧东　　龚运新　　周时佐
　　　　　柯晨瑰　　邓正辉　　刘泽仁　　陈新星　　张雅凤　　苏小明
　　　　　王正来　　谌受柏　　涂正元　　胡佐珍　　易　强　　李　　知
　　　　　向俊雅　　郭翠琴　　洪小娟

策　划：　袁勤勇　　龚运新

顾问委员会寄语

新时代赋予新使命，人工智能正在从机器学习、深度学习快速迈入大模型通用智能（AGI）时代，新一代认知人工智能赋能千行百业转型升级，对促进人类生产力创新可持续发展具有重大意义。

创新的源泉是发现和填补生产力体系中的某种稀缺性，而创新本身是21世纪人类最为稀缺的资源。若能以战略科学设计驱动文化艺术创意体系化植入科学技术工程领域，赋能产业科技创新升级高质量发展甚至撬动人类产业革命，则中国科技与产业领军世界指日可待，人类文明可持续发展才有希望。

国家要发展，主要内驱力来自精神信念与民族凝聚力！从人工智能的视角看，国家就像是由14亿台神经计算机组成的机群，信仰是神经计算机的操作系统，精神是神经计算机的应用软件，民族凝聚力是神经计算机网络执行国际大事的全维度能力。

战略科学设计如何回答钱学森之问？从关键角度简要解读如下。

（1）设计变革：从设计技术走向设计产业化战略。

（2）产业变革：从传统产业走向科创上市产业链。

（3）科技变革：从固化学术研究走向院士创新链。

（4）教育变革：从应试型走向大成智慧教育实践。

（5）艺术变革：从细分技艺走向各领域尖端哲科。

（6）文化变革：从传承创新走向人类文明共同体。

（7）全球变革：从存量博弈走向智慧创新宇宙观。

宇宙维度多重，人类只知一角，是非对错皆为幻象。常规认知与高维认知截然不同，从宇宙高度考虑问题相对比较客观。前人理论也可颠覆，毕竟宇宙之大，人类还不足以窥见万一。

探索创新精神，打造战略意志；

成功核心，在于坚韧不拔信念；

信念一旦确定，百慧自然而生。

丛书顾问委员会由俄罗斯自然科学院院士、武汉理工大学教授郑刚强，清华大学博士陈桂生，湖南省教育督导评估专家谢平升，麻城市博达学校校长李理，中国科学院自动化研究所研究员汤淑明，武汉人工智能研究院研究员、院长王金桥，武汉大学计算机学院智能化研究所教授马于涛，麻城市博达学校董事长李尧东，无锡科技职业学院教授龚运新，黄冈市黄梅县教育局周时佐，麻城市博达学校董事李知，黄冈市黄梅县实验小学向俊雅、郭翠琴，黄冈市黄梅县八角亭中学洪小娟等组成。

丛书序

　　人工智能教育已经开展了十几年。这十几年来,市场上不乏一些好教材,但是很难找到一套适合的、系统化的教材。学习一下图形化编程,操作一下机器人、无人机和无人车,这些零散的、碎片化的知识对于想系统学习的读者来说很难,入门较慢,也培养不出专业人才。近些年,国家已制定相关文件推动和规范人工智能编程教育的发展,并将编程教育纳入中小学相关课程。

　　鉴于以上事实,编委会组织专家团队,集合多年在教学一线的教师编写了这套教材,并进行了多年教学实践,探索了教师培训和选拔机制,经过多次教学研讨,反复修改,反复总结提高,现将付梓出版发行。

　　人工智能知识体系包括软件、硬件和理论,中小学只能学习基本的硬件和软件。硬件主要包括机械和电子,软件划分为编程语言、系统软件、应用软件和中间件。在初级阶段主要学习编程软件和应用软件,再用编程软件控制简单硬件做一些简单动作,这样选取的机械设计、电子控制系统硬件设计和软件3部分内容就组成了人工智能教育阶段的入门知识体系。

　　本丛书在初级阶段首先用电子积木和机械积木作为实验设备,选择典型、常用的电子元器件和机械零部件,先了解认识,再组成简单、有趣的应用产品或艺术品;接着用CAD(计算机辅助设计)软件制作出这些产品的原理图或机械图,将玩积木上升为技术设计和学习CAD软件。这样将玩积木和学知识有机融合,可保证知识的无缝衔接,平稳过渡,通过几年的教学实践,取得了较好效果。

　　中级阶段学习图形化编程,也称为2D编程。本书挑选生活中适合中小学生年龄段的内容,做到有趣、科学,在编写程序并调试成功的过程中,发展思维、提高能力。在每个项目中均融入相关学科知识，体现了专业性、严谨性。特别是图形化编程适合未来无代码或少代码的编程趋势，满足大众学习编程的需求。

图形化编程延续玩积木的思路，将指令做成积木块形式，编程时像玩积木一样将指令拼装好，一个程序就编写成功，运行后看看结果是否正确，不正确再修改，直到正确为止。从这里可以看出图形化编程不像语言编程那样有完善的软件开发系统，该系统负责程序的输入，运行，指令错误检查，调试（全速、单步、断点运行）。尽管软件不太完善，但对于初学者而言还是一种有趣的软件，可作为学习编程语言的一种过渡。

在图形化编程入门的基础上，进一步学习三维编程，在维度上提高一维，难度进一步加大，三维动画更加有趣，更有吸引力。本丛书注重编写程序全过程能力培养，从编程思路、程序编写、程序运行、程序调试几方面入手，以提高读者独立编写、调试程序的能力，培养读者的自学能力。

在图形化编程完全掌握的基础上，学习用图形化编程控制硬件，这是软件和硬件的结合，难度进一步加大。《图形化编程控制技术（上）》主要介绍单元控制电路，如控制电路设计、制作等技术。《图形化编程控制技术（下）》介绍用 Mind+ 图形化编程控制一些常用的、有趣的智能产品。一个智能产品要经历机械设计、机械 CAD 制图、机械组装制造、电气电路设计、电路电子 CAD 绘制、电路元器件组装调试、Mind+ 编程及调试等过程，这两本书按照这一产品制造过程编写，让读者知道这些工业产品制造的全部知识，弥补市面上教材的不足，尽可能让读者经历现代职业、工业制造方面的训练，从而培养智能化、工业社会所需的高素质人才。

高级阶段学习 Python 编程软件，这是一款应用较广的编程软件。这一阶段正式进入编程语言的学习，难度进一步加大。编写时尽量讲解编程方法、基本知识、基本技能。这一阶段是在《图形化编程控制技术（上）》的基础上学习 Python 控制硬件，硬件基本没变，只是改用 Python 语言编写程序，更高阶段可以进一步学习 Python、C、C++ 等语言，硬件方面可以学习单片机、3D 打印机、机器人、无人机等。

本丛书按核心知识、核心素养来安排课程，由简单到复杂，体现知识的递进性，形成层次分明、循序渐进、逻辑严谨的知识体系。在内容选择上，尽量以趣味性为主、科学性为辅，知识技能交替进行，内容丰富多彩，采用各种方法激活学生兴趣，尽可能展现未来科技，为读者打开通向未来的一扇窗。

我国是制造业大国，与之相适应的教育体系仍在完善。在义务教育阶段，职业和工业体系的相关内容涉及较少，工业产品的发明创造、工程知识、工匠精神等方面知识较欠缺，只能逐步将这些内容渗透到入门教学的各环节，从青少年抓起。

丛书编写时，坚持"五育并举，学科融合"这一教育方针，并贯彻到教与学的每个环节中。本丛书采用项目式体例编写，用一个个任务将相关知识有机联系起来。例如，编程显示语文课中的诗词、文章，展现语文课中的情景，与语文课程紧密相连，编程进行数学计算，进行数学相关知识学习。此外，还可以编程进行英语方面的知识学习，创建多学科融合、共同提高、全面发展的教材编写模式，探索多学科融合，共同提高，达到考试分数高、综合素质高的教育目标。

五育是德、智、体、美、劳。将这五育贯穿在教与学的每个过程中，在每个项目中学习新知识进行智育培养的同时，进行其他四育培养。每个项目安排的讨论和展示环节，引导读者团结协作、认真做事、遵守规章，这是教学过程中的德育培养。提高读者语文的写作和表达能力，要求编程界面美观，书写工整，这是美育培养。加大任务量并要求快速完成，做事吃苦耐劳，这是在实践中同时进行的劳育与体育培养。

本丛书特别注重思维能力的培养，知识的扩展和知识图谱的建立。为打破学科之间的界限，本丛书力图进行学科融合，在每个项目中全面介绍项目相关的知识，丰富学生的知识广度，加深读者的知识深度，训练读者的多向思维，从而形成解决问题的多种思路、多种方法、多种技能，培养读者的综合能力。

本丛书将学科方法、思想、哲学贯穿到教与学的每个环节中。在编写时将学科思想、学科方法、学科哲学在各项目中体现。每个学科要掌握的方法和思想很多，具体问题要具体分析。例如编写程序，编写时选用面向过程还是面向对象的方法编写程序，就是编程思想；程序编写完成后，编译程序、运行程序、观察结果、调试程序，这些是方法；指令是怎么发明的，指令在计算机中是怎么运行的，指令如何执行……这些问题里蕴含了哲学思想。以上内容在书中都有涉及。

本丛书特别注重读者工程方法的学习，工程方法一般包括6个基本步骤，分别是想法、概念、计划、设计、开发和发布。在每个项目中，对这6个步骤有些删减，可按照想法（做个什么项目）、计划（怎么做）、开发（实际操作）、展示（发布）这4步进行编写，让学生知道这些方法，从而培养做事的基本方法，养成严谨、科学、符合逻辑的思维方法。

教育是一个系统工程，包括社会、学校、家庭各方面。教学过程建议培训家长，指导家庭购买计算机，安装好学习软件，在家中进一步学习。对于优秀学生，建议继续进入专业培训班或机构加强学习，为参加信息奥赛及各种竞赛奠定基础。这样，社会、学校、家庭就组成了一个完整的编程教育体系，读者在家庭自由创新学习，在学校接受正规的编程教育，在专业培训班或机构进行系统的专业训练，环环相扣，循序渐进，为国家培养更多优秀人才。国家正在推动"人工智能""编程""劳动""科普""科创"等课程逐步走进校园，本丛书编委会正是抓住这一契机，全力推进这些课程进校园，为建设国家完善的教育生态系统而努力。

本丛书特别为人工智能编程走进学校、走进家庭而写，为系统化、专业化培养人工智能人才而作，旨在从小唤醒读者的意识、激活编程兴趣，为读者打开窥探未来技术的大门。本丛书适用于父母对幼儿进行编程启蒙教育，可作为中小学生"人工智能"编程教材、培训机构教材，也可作为社会人员编程培训的教材，还适合对图形化编程有兴趣的自学人员使用。读者可以改变现有游戏规则，按自己的兴趣编写游戏，变被动游戏为主动游戏，趣味性较高。

"编程"课程走进中小学课堂是一次新的尝试，尽管进行了多年的教学实践和多次教材研讨，但限于编者水平，书中不足之处在所难免，敬请读者批评指正。

丛书顾问委员会

2024 年 5 月

前言

  人工智能时代悄然而至，编程被推上时代浪潮之巅。世界各地都在大力推进青少年编程教育的普及，一些国家甚至已经将"编程"列为中小学的必修课。当前，我国中小学编程教育在总体设计、教学课程体系和教学方式等方面还存在很大的提升空间。

  中小学编程教育通过"编程游戏启蒙""可视化图形编程"等课程，培养学生的逻辑思维、创新能力和解难能力。目前的编程教育课程主要分为两大类：一类是图形化编程，类似于搭建积木一样简单，趣味性较强；另一类是 C++、Python 等高级语言，以信息奥赛为目标，为将来职业技能打下基础。

  本书使用 Mind+ 图形化编程软件，采用拖动积木的方式编程，以培养兴趣、锻炼思维为主。Mind+ 的全名是 Mindplus，诞生于 2013 年，是一款拥有自主知识产权的国产青少年编程软件，集成各种主流主控板及上百种开源硬件，支持人工智能 (AI) 与物联网 (IoT) 功能，既可以拖动图形化积木编程，也可以使用 Python/C/C++ 等高级编程语言。

  本书采用项目式教学体系编写，每一册都尽量做到内容上的丰富和有趣，以方便教学者和自学者根据自己的需要和兴趣进行选择。针对三年级学生缺少计算机操作基础知识和技能的情况，本书特别在上册的前 4 个项目中安排了相关内容。每个项目包含多个任务，大多是 2~4 个。这些任务相对独立，但在难度上是递进的，每个任务的完成都是该项目学习过程的一个阶段。如果选择了某个项目进行学习，那么为了能更加完整地学习和掌握这个项目，建议尽量完成其中的所有任务。

对中小学生而言，编程教育不仅学习编程知识和技能，还是提升综合素质的重要载体。因此，本书在每个项目中都安排了拓展阅读，内容与该项目相关，并重视与其他学科的关联，以引发学习者的回忆和思考，激发他们的好奇心。

本书在每个项目的最后安排了总结与评价，并当作任务来完成。编者认为，合作与交流是非常重要的学习过程和方法，可培养读者的合作意识和团队精神。

不积跬步，无以至千里；不积小流，无以成江海。优秀的学习品质影响着学习的效率和结果，是学习的基本素质。每一次学习，都要做到认真、谨慎、灵活、爱思考，因为这是对自己负责任的学习态度，是能拥有更多收获的学习过程。

本书由麻城市博达学校胡佐珍、红安县第二小学王宇翔、无锡市翔隆机电科技有限公司刘晓蕾担任主编，麻城市博达学校吴怀丹、饶文阳、何杨和无锡科技职业学院龚运新任副主编。本书中所有项目内容均来自一线教学案例，编写成员都有丰富的编程教学经验。但是，受专业水平的限制，加之时间仓促，不足之处在所难免，请读者给予指正，我们将不胜感激，再接再厉！

需要书中配套材料包的读者可发送邮件至 33597123@qq.com 咨询。

编　者

2024 年 4 月

目录

项目 1　走进图形化编程

　　6~9 岁的孩子逻辑思维开始慢慢形成，这个时期可以学习简单的编程知识，熟悉编程思维的内容，包括抽象、分类、分解等，并且能够通过编程思维锻炼自己在生活中做事的条理性。这时可以选择一个合适的工具平台进行系统学习，以便实现自己的想法。图形化编程就是最适宜的编程工具平台。

　　通过类似搭积木的方式就可以轻松地编程，避开了复杂的语法，却完美地保留了编程思维。所以说，图形化编程本质上不是学会某种编程语言，而是学习利用类似程序的逻辑关系，获得独立解决问题的能力和逻辑思维能力。

　　本项目旨在认识 Mind+ 软件，学习安装软件，认识编程界面布局和名称，学习编程的基本操作并编写第一个 Mind+ 程序。

任务 1.1   认识编程软件

本任务学习如何在计算机中安装 Mind+ 软件，了解编程界面，初步掌握各部分的名称和功能，学习使用鼠标查看或尝试操作，熟悉编程界面及其操作方法，初步了解使用 Mind+ 软件进行图形化编程的基本步骤。

1. 安装软件

安装软件的过程包括下载软件、安装软件以及安装驱动程序等。下面具体介绍如何将 Mind+ 软件安装到计算机。

1）下载软件

在 Mind+ 官网下载 Mind+ 软件安装包，保存到计算机中，如图 1-1 所示。

2）安装软件

双击安装包进行安装。根据安装提示，选择"中文（简体）"语言，如图 1-2 所示，单击 OK 按钮继续安装，如图 1-3 所示，等待安装进度条完成即安装完成。

图 1-1   Mind+ 软件安装包

图 1-2   选择语言

3）安装驱动程序

软件安装结束后会在桌面上显示快捷方式图标，双击该图标可以进入编程界面。第一次使用软件时需要安装驱动，在菜单栏选择"连接设备"→"一

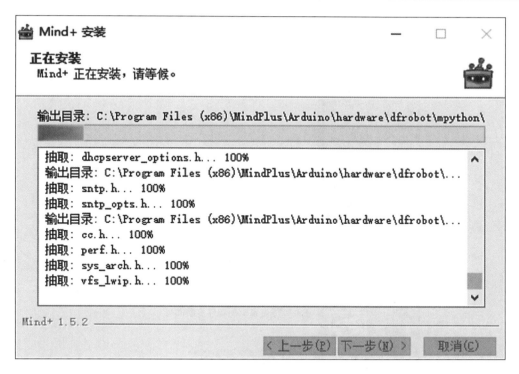

图 1-3　安装进度

键安装串口驱动"命令，之后根据提示完成安装即可，如图 1-4 所示。

②. 了解编程界面

编程界面是进行软件基本设置，编写、调试和运行程序的窗口，了解和熟悉编程界面是编程的第一步。

1）进入编程界面

打开编程软件即可进入编程界面。有多种方法打开软件：安装完成后，双击计算机桌面上 Mind+ 字样的图标即可进入编程界面；也可以单击计算机屏幕左下角的"开始"图标，从程序列表中找到 Mind+ 软件，单击进入编程界面。

2）认识编程界面

和其他应用软件相似，Mind+ 的界面有多个分区，如图 1-5 所示。不同模式下，编程界面是不同的，初学者一般使用实时模式，图 1-5 显示的是实时模式下的编程界面。

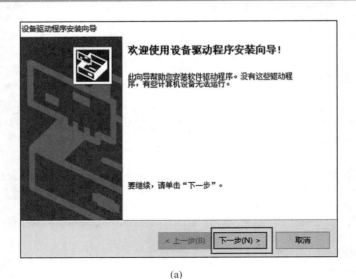

(a)

(b)

(c)

图 1-4 安装驱动程序

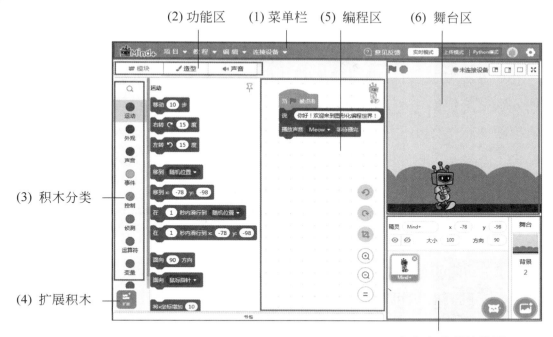

(2) 功能区　(1) 菜单栏　(5) 编程区　(6) 舞台区

(3) 积木分类

(4) 扩展积木

(7) 角色和背景编辑区

图 1-5　实时模式下的编程界面

图 1-5 中各部分详细说明如下。

（1）菜单栏。菜单栏位于窗口上方，默认为底色为橙色的显示框，包括针对软件能进行的一些操作。移动鼠标至某个菜单位置停留，就可以显示对应的下拉菜单。

菜单栏各选项说明，从左到右分别介绍如下。

① 项目。编写的程序可以用项目文件的形式保存到计算机中，每次打开 Mind+ 软件的同时就新建了一个项目文件，编辑后可以保存。将鼠标移动至此，可以看到下拉菜单，有新建项目、保存项目、打开项目等操作。

② 教程。教程是官方提供的自学通道,从下拉菜单中可以查看官方文档、视频教程、示例程序等，极大地方便了初学者。还可以打开在线论坛，查看大量项目及进行反馈交流。

③ 编辑。下拉菜单中的"恢复删除"选项用于恢复上一步的删除操作。选择"打开加速模式"选项，舞台程序运行速度会加快，延时变短。

④ 连接设备。用于查看和连接外部硬件设备，包括连接设备、打开设

备管理器和一键安装串口驱动等。

⑤ 意见反馈。单击该选项，弹出反馈意见窗口，发送电子邮件。

⑥ 模式切换。该区域有 3 种模式可供选择，默认为实时模式，另外两种分别是上传模式和 Python 模式。背景块为白色表示当前为选中模式。不依赖硬件制作交互式项目时，使用"实时模式"，这是基础入门阶段使用的模式。需要连接硬件模块，完成制作后需要脱离计算机运行时，要选择"上传模式"。"Python 模式"用于使用 Python 语言编写代码。

⑦ 齿轮图标。单击此图标，可以打开设置窗口，进行语言设置、系统设置等操作。

（2）功能区。实时模式下的功能选择区有 3 个按钮，分别是模块、造型和声音。按下按钮，就可以显示出相应的功能内容，从而进行进一步操作和设置。

① 模块。可查找和选择积木。

单击"模块"按钮，界面左侧即分类显示模块分类和具体的积木块，可使用这些积木块编程。

② 造型。可编辑当前角色或背景的外观。

单击"造型"按钮，进入造型功能页面。角色的组合、拆分、位置、复制和粘贴等操作，都可以在造型功能页面完成，如图 1-6 所示。

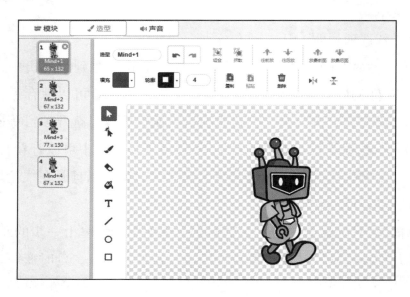

图 1-6　造型功能页面

它类似于 Windows 中的画图工具，页面中列出了详细的功能图标，包括组合、拆散、复制、粘贴、往前放、往后放等，具体操作方法将在后面的项目中涉及。

③声音。编辑当前角色或背景的声音。

声音功能页面如图 1-7 所示，具体功能包括复制声音及快一点、慢一点、响一点、轻一点、反转等。除此之外，还可以为角色添加多个声音。

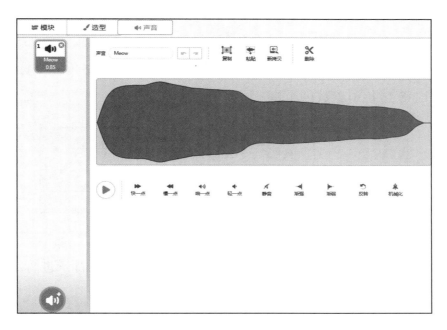

图 1-7　声音功能页面

（3）积木分类。Mind+ 共有 9 类基础功能积木，每种类型在其名称上方有一个彩色圆圈作为颜色识别标记，积木块颜色与之对应。例如，运动类就是蓝色的圆圈，所有积木块都是同样的蓝色。图 1-5 显示了运动类模块下的部分积木块。

因积木块较多，此处不一一列出，可结合软件进行初步了解。各种积木的作用和使用方法在以后的学习中将结合项目制作逐渐掌握和积累。

（4）扩展积木。单击此处，可以加载各种硬件模块和"声音""画笔""视频监测"等多个功能。

（5）编程区。从左侧积木列表中选择合适的积木拖曳到此位置，并按一定的逻辑搭建，完成代码编辑。

将积木拖回分类区即可删除。复制一段程序到另一个角色时，直接拖曳程序至角色图标上即可。

（6）舞台区。通过选择角色和背景布置舞台，舞台的中心是坐标原点。

舞台上方左侧有两个按钮，其中绿色的小旗是"运行"按钮，用于启动程序，红色按钮是"停止"按钮，用于停止程序。

舞台右上方的按钮用于调整舞台大小，以及显示硬件设备连接状态。

（7）角色和背景编辑区。角色编辑区可以通过角色库按钮添加角色、修改角色名称、显示已有的角色图标和复制角色，以及调整角色坐标、大小、方向。图 1-8 是各项参数的范围。

功能	范围
XY 坐标	X 的范围是 −245～245，Y 的范围是 −201～202
大小	最大值是581，最小值是10
方向	0～180，−1～−179

图 1-8　角色参数范围

背景编辑区可以通过背景库按钮添加背景，选中某个背景进行编辑，选中时将高亮显示。

任务 1.2　第一个图形化编程项目

通过编写一个简单的打招呼程序，完成第一个图形化编程项目。单击"运行"按钮，Mind+ 机器人说出"你好！欢迎来到图形化编程世界！"，单击"停止"按钮结束程序。

本次任务将学习添加背景图片、事件类模块的"当被点击"积木和造型类模块的"说"积木。

1. 选择角色和背景

打开编程软件，可以发现舞台区有一个机器人角色，这是软件默认的角色。本次任务就使用这个角色，因此无须更换角色。

　　将鼠标指针移到界面右下方的"背景库"图标上短暂停留，如图 1-9 所示。然后在弹出的添加背景工具栏中单击"查找"图标，就可以进入选择背景界面。

图 1-9　背景库的按钮位置

　　选择背景页面如图 1-10 所示，在此页面选择名称为"蓝天"的图片作为背景图片，选择后自动返回编程界面。

图 1-10　选择背景页面

　　使用鼠标移动角色至合适的位置，其他参数使用默认数值，完成后的舞台效果如图 1-11 所示。

图 1-11　第一个程序的舞台效果

2. 编写代码

按照任务要求编写代码，打招呼就是说"你好！"。使用图形化编程，只需要一块积木就可以做到。

（1）"说"积木。

任务要求单击"运行"按钮时打招呼，首先放置一块事件类积木。在模块列表中选择"事件"模块，积木列表中出现很多橘黄色积木，找到"当▶被点击"积木，如图 1-12 所示。使用鼠标拖曳此积木至代码区。

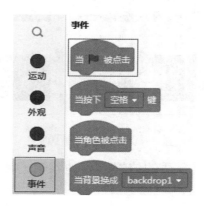

图 1-12　"当▶被点击"积木

选择"外观"模块,在相对的积木列表中找到"说"积木,如图 1-13 所示。可以看到,"说"积木有两块,选择没有时间控制的一块。将此积木拖曳至代码区,并与上一块积木相连。修改白色文字框中的文字内容为"你好!欢迎来到图形化编程世界!",完成后,如图 1-14 所示。

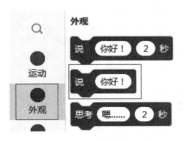

图 1-13　"说"积木

图 1-14　"打招呼"程序

单击程序块或"运行"按钮,运行程序,可以看到,屏幕上出现了之前输入的打招呼的文字内容,按下"停止"按钮,结束运行。

程序运行时,程序块会出现黄色方框,这是程序正在执行的标志。执行结束或再次单击程序块时,黄色方框就消失了。

(2)程序修改。

只有文字内容显得单调没有趣味,可以为程序增加声音效果。进入"声音"模块列表,选择"播放声音 Meow 等待播完"积木,如图 1-15 所示。使用鼠标拖曳此积木至代码区,与之前的两块积木连接起来,使用默认的声音内容,如图 1-16 所示。

图 1-15　"播放声音 Meow 等待播完"积木

图 1-16　增加声音效果

再次单击"运行"按钮,可以看到,屏幕上不仅出现了打招呼的文字,还会发出猫咪叫的声音。

（3）保存和修改。

将完成的项目保存在计算机中，方便下一次使用或修改。依次在菜单栏中选择"项目"→"保存项目"命令后会出现"另存为"窗口，如图1-17所示。

图1-17 "另存为"窗口

在左侧地址栏中选择保存位置，在"文件名"框内填写名称。如图1-17所示，将项目保存在"桌面"位置，名称为"打招呼"。单击"保存"按钮，完成保存。

注意：学校机房的计算机一般都装有还原软件，关机或重启时计算机会恢复到最初状态，所以保存过的文件可能会被清除。

任务1.3　扩展阅读：图形化编程软件的诞生

世界上最早的图形化编程软件是Scratch，从2007年诞生至今，已经被翻译成多种语言，在150多个国家使用。让人好奇的是，这样一款富有创造力的、被全世界青少年欢迎的软件是如何发明的呢？任何一个伟大的发明创造都不是偶然产生的，都有一个发展的过程。

想要了解Scratch的诞生，就要从西蒙·派珀特（Seymour Papert）博士说起。他 1928 年出生于南非，是美国麻省理工学院（MIT）终身教授，教育信息化奠基人，数学家、计算机科学家、心理学家、教育家，近代人工智能领域的先驱者之一。

1958 年，30 岁的西蒙·派珀特在剑桥大学拿到第二个数学博士学位后，孤身来到瑞士日内瓦大学。这位天才 24 岁就拿到了第一个数学博士学位，之后在剑桥大学研究了 5 年的数学，一直思考要做些不同的事情。

日内瓦大学究竟有什么吸引着他呢？派珀特在日内瓦大学的老师是著名的哲学家、儿童心理学家让·皮亚杰。此时的皮亚杰 62 岁，已是儿童教育领域享誉全球的大师，他一生致力于研究儿童如何形成对世界的认知。皮亚杰发现，人们会基于过往的经验和对世界的理解来构建知识（constructing knowledge），而不是获得知识（acquiring knowledge），即从简单结构到复杂结构的转变是一个不断建构的过程，任何认识都是不断建构的产物。

派珀特大受启发，开始深入思考如何利用计算机、数学去理解和解释学习者的学习与思维。7 年之后，派珀特结束了在日内瓦大学的学习，来到 MIT，并与马文·明斯基创办了 MIT 的人工智能实验室。1968 年，西蒙·派珀特发明了 LOGO 语言，这也是全球第一款针对儿童教学使用的编程语言。

LOGO 语言最主要的功能是绘图。进入 LOGO 界面，光标被一只可爱的小海龟取代，所以也叫作"小海龟画图"。LOGO 语言虽然看起来非常简单，但背后却是人工智能、数学逻辑以及发展心理学等学科的结合。简单的指令经过组合之后，可以创造出非常多的东西。

派珀特推出 LOGO 语言的本意是让儿童有机会利用科技去构建知识、解决问题、创造性地表达自己。但是这种输入命令的编程方式不够直观，对儿童来说仍有一定的难度。

1982 年春天，年轻的记者米切尔·雷斯尼克前往旧金山报道西海岸计算机展，刚好赶上派珀特做主旨演讲。派珀特的演讲使米切尔·雷斯尼克对计算机有了新的理解："它不只是完成某项任务的工具，还可以是儿童表达自我的新方式。"

这一幕就像是 20 多年前，派珀特在日内瓦大学遇到了皮亚杰：享誉业界的大师点燃了青年才俊的梦想，并在日后完成衣钵传承。

于是，米切尔·雷斯尼克很快申请入读 MIT，并成为西蒙·派珀特的学生，研究如何借助技术让儿童成长为具有创造性思维的人。

乐高公司和派珀特的实验室一直保持着密切的联系和合作。1983 年，米切尔·雷斯尼克与西蒙·派珀特一起尝试基于乐高积木来研发项目。

他们将乐高积木与 LOGO 语言结合，当乐高模型与计算机连接后，孩子就能够通过 LOGO 程序控制乐高积木。这款硬件与软件的组合后来被称为"乐高 /LOGO"，在 1988 年由乐高公司作为产品推出。

孩子们试用乐高 /LOGO 的过程使米切尔·雷斯尼克意识到，要开发一款适合儿童认知水平、具有开放性创造空间的编程软件。LOGO 语言的语法虽然很简单，但是如果能够进一步将其可视化就好了。基于这个构想，雷斯尼克领导的"终身幼儿园团队"(Lifelong Kindergarten Group) 开发出了新的图形化编程软件——Scratch。

在 Scratch 的编程界面中，程序语句都以积木拼接的形式呈现，积木根据功能划分为不同颜色。编写程序时，只需要像拼插积木一样把程序语句垒在一起就行了。只有当程序在语法上合规合理时，积木的接口才能对接上。Scratch 这种使用积木接口的形状作为拼插指引的设计，借鉴于乐高积木。而 Scratch 所有的语法，几乎都借鉴了 LOGO 语言的语法。

从皮亚杰到派珀特，再到雷斯尼克，经历师徒三代人近百年的传承和创新，才有了 Scratch 的面世。Scratch 的成功，与皮亚杰终其一生研究的儿童成长理论密不可分：对活动和交互的重视，让孩子在玩耍中不断创建和调整心智模式。

 任务 1.4　总结与评价

先分组进行总结，分别说出制作过程及体会，并写书面总结。再互相检查制作结果，集体给每一位同学打分。

1. 任务完成大调查

完成项目后在表 1-1 中打√。

表 1-1　打分表

序　　号	任务 1	任务 2	任务 3
完成情况			

2. 行为考核指标

行为考核指标，主要采用批评与自我批评、自育与互育相结合的方法。采用自我考核和小组考核后班级评定的方法。班级每周进行一次民主生活会，就行为指标进行评议，德育项目评分表如表 1-2 所示。

表 1-2　德育项目评分表

项　　别	内　　容	评　　分	备　　注
7S	整理		
	整顿		
	清扫		
	清洁		
	素养		
	安全		
	节约		
学习态度	主动思考		
	乐于动手		
	按时上下课		
	自信		
	不怕困难		
团队合作	团结		
	互相帮助		
	协商精神		
	积极参与		
	集体荣誉感		

3. 集体讨论

图形化编程的特点是什么？与其他编程有哪些不同？

4. 思考与练习

（1）使用另一块相似的"说"积木替换，观察运行结果。

（2）更换角色和背景图片，创建新的舞台场景，编写程序实现"打招呼"动作。

项目 2　企鹅动起来

　　企鹅是鸟类，它们喜欢玩游戏，特别是在冰上滑行。本项目以"企鹅动起来"为例，学习在 Mind+ 中控制角色移动的方法，学习如何布置舞台，如何"移动"积木、"循环执行"积木、"碰到边缘就反弹"积木。

任务 2.1　快　乐　滑　行

在冰雪覆盖的南极，一只企鹅在冰面上玩耍，它从起点向前滑行至终点，又掉头往回滑行至起点，又向前滑行至终点，如此来回滑行。

在舞台区设置相应的背景，选择企鹅角色，再通过图形化积木块进行控制，实现舞台上的企鹅来回滑行。舞台的边缘就是企鹅滑行的起点和终点，单击按钮，企鹅开始滑行，碰到舞台边缘时往回滑行，看起来企鹅就像在冰上玩滑行游戏一样。

1. 选择背景及角色

打开编程软件时，舞台区域会出现默认的机器人角色，与本次任务不相关，可将其删除，在角色列表中单击角色小图标右上角的删除按钮即可。这时候，舞台区就变成了一片空白，等待着大家去布置。

（1）选择图片背景。

单击界面右下方的"背景库"按钮，进入"选择背景"窗口，找到 Arctic（严寒的）图片，选中该图片，如图 2-1 所示。

图 2-1　"选择背景"窗口

选中图片即返回背景功能画面，可以看到选中的背景图片出现在舞台区，如图 2-2 所示。本次任务不需要对图片进行编辑，直接使用即可。

图 2-2　舞台背景图片设置完成

（2）选择企鹅角色。

单击界面右下方的"角色库"按钮，进入"角色选择"窗口。在选择角色一行单击"动物"选项卡，滑动鼠标滚轮上下翻动图片，找到并选择 Penguin（企鹅）图片，如图 2-3 所示。

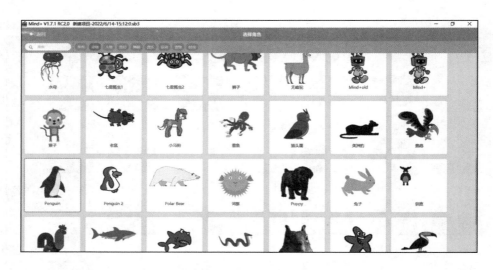

图 2-3　"角色选择"窗口

选中的角色以图标的方式出现在角色列表区域，因为角色的默认朝向是
90°，所以不需要改变朝向，只需要按住鼠标左键不放，将"企鹅"拖曳至
舞台最左边，如图 2-4 所示。

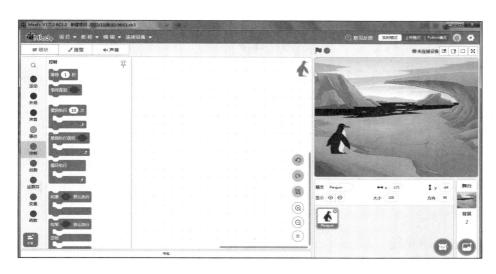

图 2-4　"企鹅滑行"舞台

这样，背景图片和角色选择都完成了，可以看到舞台区域显示出了企鹅
在冰面上的情景。

2. 滑行控制

编写控制命令，实现企鹅角色的动作。根据任务要求，首先在编程区放
置一块"当▄被点击"积木，再放置其他积木。

（1）"移动"积木。

"移动"积木属于运动类，标识颜色是蓝色，如图 2-5 所示。找到这块积木，
按住鼠标左键，将其拖曳至代码区，如图 2-6 所示。

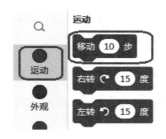

图 2-5　"移动"积木位置

图 2-6　角色"滑行"

单击"运行"按钮，可以观察到企鹅向前"滑行"一段距离后就停止了。此时距离终点也就是舞台边缘还很远。再次单击这块积木，发现企鹅又向前"滑行"一段就停止。每次单击积木块，都只能让企鹅向前"滑行"一小段距离。

仔细观察就会发现，积木块中白色椭圆形方框内的数字是10，这指的是移动的步数，即每运行一次这块积木，能让企鹅向前移动10步，移动多少步能到达舞台边缘无法确定。

（2）企鹅持续"滑行"。

如果让"移动"积木自动连续运行，就能实现企鹅角色的持续滑行。增加一块积木，使用控制类模块的"循环执行"积木，这是一块橘色的积木，如图2-7所示。

按住鼠标左键，将积木从列表中拖曳到代码区，并放置在"移动"积木上方（覆盖）。当出现灰色阴影时松开鼠标，"移动"积木就会自动嵌套进"循环执行"积木中，如图2-8所示。

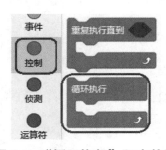

图2-7 "循环执行"积木位置

图2-8 持续"滑行"

单击"运行"按钮，将会看到"企鹅"在舞台上自动向右移动，最终消失在舞台边缘，程序仍在执行中。

单击"停止"按钮，黄色框线消失，停止执行，使用鼠标将"企鹅"重新拖曳至舞台左侧。

（3）企鹅往返"滑行"。

任务要求角色碰到边缘就反弹，意思就是当角色移动到舞台边缘时就往回移动。使用"碰到边缘就反弹"积木，这块积木也属于运动类积木，如

图 2-9 所示。

每次碰到舞台边缘都会反弹，所以要放入循环指令内部，与"移动"积木相连。拖曳积木至编程区，并正确放置，如图 2-10 所示。

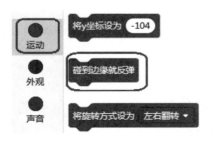

图 2-9 "碰到边缘就反弹"积木位置 　　　 图 2-10 往返"滑行"

单击积木块运行程序，可以观察到企鹅在冰面上持续滑行，碰到舞台边缘时自动折返，实现往返滑行。

注意： 如果单击代码积木块，运行程序时会发现企鹅转身后变成倒立姿势，此时需要加入旋转方式控制积木。将"旋转方式"积木拖曳到代码区，放置于"碰到边缘就反弹"积木的下面，并选择"左右翻转"，完成后如图 2-11 所示。

图 2-11 完成滑行控制

单击"运行"按钮，观察运行结果，可以看到，舞台上的企鹅在冰面上来回滑行，直到按下"停止"按钮。

（4）保存和修改。

通过修改参数，观察运行结果，进一步了解指令功能，完成后按之前学习的方法保存项目。

还可按如下方法调试程序。

（1）改变"移动"积木中的步数值参数，观察运行结果。

（2）更换舞台背景图片和角色，复制程序，观察运行结果。

 任务2.2 冰 上 行 走

生活在南极的企鹅喜欢冰上滑行，还经常在雪地行走。胖胖的企鹅走起路来左摇右摆，一不留神就摔跤，非常可爱！

企鹅滑行的时候双脚基本固定，没有明显的动作变化，走路时则双腿交替运动，这就需要在任务2.1的基础上增加一些功能，将会用到"下一个造型"积木和"等待"积木。

1. 造型及其积木

造型，就是被塑造出来的形象。在 Mind+ 编程软件中，"造型"是角色的形象，一个角色可以有多个造型，有时候用于实现连续的动作，有时候根据控制的需要也可以为角色添加完全不同的造型。

（1）角色的造型。

打开编程软件，打开之前保存的"快乐滑行"项目，如果没有保存，从角色库中选择 Penguin（企鹅）角色。单击功能区的"造型"按钮，进入"造型"编辑界面，最左侧显示当前角色的造型，如图2-12所示，可以发现"企鹅"角色默认有3个造型。

在造型编辑界面，可以对造型进行修改、添加、绘制等操作，在以后的学习中会逐个学习，本例使用的造型暂时不需要修改。

（2）"下一个造型"积木。

"下一个造型"属于外观类积木，颜色为蓝紫色，如图2-13所示，用于按造型列表的顺序切换角色的造型。

在任务2.1中图2-11程序的基础上，将"下一个造型"积木拖曳至代码区，如图2-14所示。

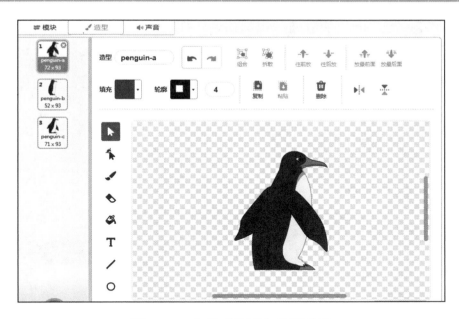

图 2-12　企鹅 "造型" 编辑界面

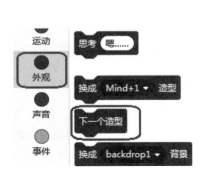

图 2-13　"下一个造型" 积木

图 2-14　造型切换代码

单击 "运行" 按钮，观察运行效果，企鹅可以往返走动。但是，企鹅走起来后似乎在闪动，而且速度非常快，这是因为造型切换速度太快了。造型切换的间隔时间决定了走路的速度。

（3）增加等待时间。

"等待" 积木属于控制类积木，如图 2-15 所示。该模块白色框内数值为时间值，单位是秒，默认值为 1 秒。可以根据控制需要修改数值，小数或整数皆可。

找到并移动鼠标至此积木，按住鼠标左键，将其拖曳至图 2-14 所示代码的最下方，与"下一个造型"积木相连，如图 2-16 所示。

单击"运行"按钮，运行代码，观察执行结果。发现企鹅以 1 秒为间隔在冰上行走，看上去有些笨拙。修改等待时间参数观察企鹅行走变化。

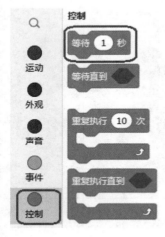

图 2-15 "等待"积木

图 2-16 增加等待时间

2. 程序调试

通过程序调试，可以增加声音效果来模拟企鹅叫声，还可以添加多个企鹅角色，让作品更加丰富、有趣，富有创造性。

（1）增加声音效果。

使用"播放声音"积木，为作品增加声音效果。在积木列表中找到"播放声音"积木，单击积木上的白色小三角，弹出下拉菜单，如图 2-17 所示。发现只有一个名为"啵"的声音，这不是企鹅的叫声，需要增加新的声音。

图 2-17 播放声音的下拉菜单

单击功能区的"声音"按钮，进入声音编辑画面。选择左下角的"选择一个声音"按钮，进入"选择一个声音"窗口，如图 2-18 所示。单击"动物"选项，在声音列表中选择 Squawk 声音，就完成了添加。

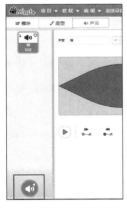

(a) 添加声音按钮　　　　　　　　　　　　　(b) 选择声音

图 2-18　增加声音

返回查看"播放声音"积木，在下拉菜单中可以看到刚才选择的声音名称。拖曳积木至程序段，并选择声音 Squawk，如图 2-19 所示。

单击"运行"按钮，观察运行结果。可以看到"企鹅"向前走的时候，每走一步都会叫一声。实际上，企鹅不会每走一步就叫一声。因此，还要把播放声音和行走动作分开控制，如图 2-20 所示，使用新的程序段进行声音播放。

图 2-19　增加声音积木

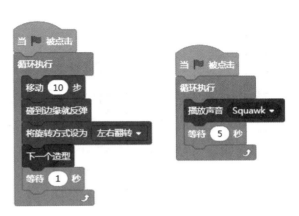

图 2-20　独立的声音播放

　　单击"运行"按钮，观察运行结果。可以看到"企鹅"向前走，每隔5秒会叫一次，基本实现了企鹅在冰上走且偶尔发出快乐叫喊声的舞台效果。修改播放声音等待时间，体会程序运行变化。

　　（2）复制角色。

　　让冰面上出现更多的企鹅，它们都在冰面上来回走，不时发出欢快的叫声。这种情况不需要逐个添加角色，使用复制角色的办法，可以很快实现。因为复制角色时，将连同角色的程序一起复制，也省去了重新编写程序的过程，可能只需要修改一些参数即可。

　　在要复制的角色图标上右击，在弹出的菜单中选择"复制"命令，如图 2-21 所示。完成后，就会在列表区出现一个一模一样的角色。拖曳角色至合适的位置，更改程序中的参数，让"企鹅"行走的速度和发出声音的速度不同，这样显得更加自然。

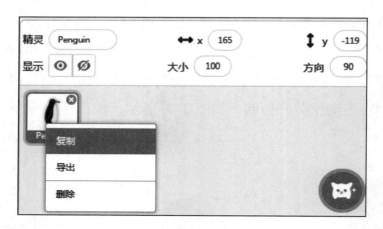

图 2-21　复制角色

　　为了让舞台画面看起来更和谐，还可以让远处的角色变得略小，如将大小设置为 80。用同样的方法，可以复制出更多的企鹅角色，"冰面"上一下子就热闹起来了，它们都在冰面上一摇一摆来回走着。复制多个企鹅角色后的舞台区参考图如图 2-22 所示。

图 2-22　复制多个企鹅角色的舞台区参考图

 任务 2.3　扩展阅读：企鹅

　　提到南极洲的动物，人们首先想到的就是企鹅，它是南极大陆的标志性动物。这是一种很奇特的动物，许多人都很喜欢它们，觉得它们特别可爱。像穿着燕尾服一般的企鹅，外形看上去给人一种肥嘟嘟的感觉，走起路来一摇一摆，遇到危险的时候连跌带爬。

　　企鹅大多数分布在南半球，主要生活在南极洲。关于南极洲和企鹅还有哪些秘密呢？

①. 美丽神秘的南极洲

　　南极洲（Antarctica）是围绕南极的大陆，是地球上七大洲之一，位于地球南端，四周被南冰洋所包围。南极洲由大陆、陆缘冰、岛屿组成，总面积 1424.5 万平方千米，全境为平均海拔 2350 米的大高原，是世界上平均海拔最高的洲。

南极洲有美丽的南极光，极光是出现于星球极地的高磁纬地区上空的一种绚丽多彩的发光现象，是由太阳带电的粒子碰撞地球两极的磁场在天空中发生放电时所产生的现象，如图 2-23 所示。

图 2-23　南极洲的美丽极光

2. 企鹅为什么滑行

企鹅在海洋中有"海洋之舟"的美称，虽然它是一种鸟，但它不会飞，却会游泳。企鹅在陆地上的步态滑稽可笑，它的腿和膝盖藏在肚子里，在地面站立时，髋骨卡在股骨与胫跗骨关节处。企鹅行走起来行动笨拙，脚掌着地，身体直立，依靠尾巴和翅膀维持平衡。

除了游泳和步行，企鹅还有一种特殊的移动技巧——Tobogganing（雪橇滑行）。如遇特殊情况，部分种类的企鹅能够迅速卧倒，舒展两翅，在冰雪上以腹部着地滑行，速度极快。企鹅在冰上滑行时，以足及前肢控制前进、转向和刹车。在穿过大片冰层时，比起步行，冰上滑行是一种更快、更轻松、更高效的出行方式。

企鹅的腿短粗，脚掌大且位置靠后，这使行走变得笨重缓慢。大多数企鹅每小时只能行走 2 英里（约 3219 米）。在平坦或轻微下降的表面上，其滑行的速度比行走速度快几倍。不过，并不是所有的滑行都是快速的。地上积雪较新或者太深的时候，企鹅冰上滑行的速度会减慢。

企鹅趴在冰雪上时，身体的重量分布于四肢，就算在柔软的雪泥中也不会失去平衡，出现踩空的情况。不论快慢，冰上滑行消耗的能量更少。

冰上滑行也是有代价的。企鹅在冰上滑行的时候会磨损羽毛，破坏羽毛的防水性。经常滑行的企鹅需要花更多时间梳理羽毛，让羽毛恢复油亮。此外，滑行时企鹅身体更多地与冰雪接触，如果羽毛和身体脂肪不能完全隔绝，它们的体温会下降得很快。

企鹅的滑行不仅是一种移动技巧，而且当企鹅俯身雪地冲刺时，高度和速度的突然变化能吓退贼鸥或海豹这类企鹅的捕猎者。遇到游客或者研究人员这类不速之客，企鹅也能快速滑离。

在某些情况下，企鹅的滑行动作只是为了好玩。一些鸟类会玩游戏自娱自乐，企鹅就以冰上滑行的游戏取乐。

3. 企鹅都生活在南极吗

在大多数人的印象中，似乎所有的企鹅都生活在南极圈以南的寒冷地带，那里常年被冰雪覆盖，通常是零下几十摄氏度，绝对不是一个有利于生存的地方。可是，鲜为人知的是，远在南极之外的温带地区，还生活着一群企鹅——环企鹅，如图 2-24 所示。它们和生活在南极的帝企鹅的最大区别就是，祖祖辈辈都没有见过雪。

图 2-24　环企鹅

现存的环企鹅共有 4 种，分别是非洲企鹅、洪堡企鹅、麦哲伦企鹅和加岛环企鹅。它们全部生活在温热带地区。环企鹅不但怕冷，而且超级怕冷！

环企鹅生活在气候温暖的南半球，住在风浪交加的海岛沿岸，温度并不是很高。它们比较适宜的温度是 10~20℃，但在人工饲养条件下，一旦温度低于 5℃，它们就会冻得打哆嗦。如果温度长时间低于 0℃，它们很有可能被冻死！比起帝企鹅在 -40℃时还能优哉游哉地散步，环企鹅真算得上是"温室里的花朵"。

不过，这也不意味着它们就不怕热。环企鹅的生存温度上限是 30℃左右。在长期高于 30℃的情况下，它们会被热死。

 ## 任务 2.4　总结与评价

先分组进行总结，分别说出制作过程及体会，并写出书面总结。再互相检查制作结果，集体给每一位同学打分。

❶. 任务完成大调查
完成项目后在表 1-1 所示的打分表中打√。

❷. 行为考核指标
行为考核指标，主要采用批评与自我批评、自育与互育相结合的方法，采用自我考核和小组考核后班级评定方法。班级每周进行一次民主生活会，就行为指标进行评议，可在表 1-2 所示的评分表中进行自我评价。

❸. 集体讨论
说说自己在本次项目中使用了哪些积木块，学到了哪些编程知识。

❹. 思考与练习
（1）修改程序中移动积木中的数值，观察企鹅运动变化。试将其修改为 2、20、-10，体会参数的意义。

（2）如果北极熊来到南极会发生什么？企鹅会有危险吗？

项目 3　动　物　赛　跑

　　小狗和兔子准备赛跑，它们同时从起跑线出发，谁会跑得更快？

　　本项目学习控制添加不同角色以及控制其移动的方法，体会移动步数参数和等待时间参数，以及它们数值的改变对移动速度的影响。学习图形化编程中坐标和方向的概念和用法。任务涉及"角色被单击"积木、"移到 xy"积木、"重复执行 * 次"积木，继续巩固"移动"积木、"下一个造型"积木和"等待时间"积木。

任务 3.1 设计与制作

运动场上，小狗和兔子处于同一起跑线，单击"运行"按钮，它们按各自的速度从舞台左侧向右赛跑，直到终点。

① . 选择背景和角色

打开编程软件，单击右下角"背景库"图标，选择运动主题中的Playing Field 图片作为舞台背景。

单击"角色库"图标，选择动物主题中的"小狗2"角色，再次进入角色库，选择 Hare 角色。角色默认大小都是 100，为了让角色与舞台更匹配，分别将两个角色大小改为 60，完成后的舞台如图 3-1 所示。

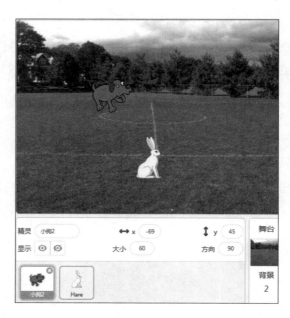

图 3-1 动物赛跑的舞台

② . 起点和终点

开始赛跑之前首先要确定起点和终点位置，在图形化编程中，使用坐标值来确定角色的具体位置。

（1）xy 坐标。

使用坐标标记位置，科学研究中有各种坐标测量仪，生活中也经常使用坐标来表示地理位置，一个 xy 坐标图如图 3-2 所示。

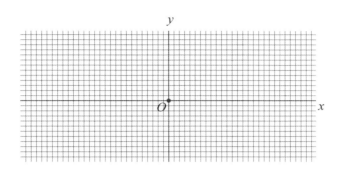

图 3-2 xy 坐标图

坐标图中有两条线，一条表示水平方向，标记为 x，另一条表示垂直方向，标记为 y。两线交点为原点 O（0，0）。从原点开始沿着水平方向向右的点用正数表示，向左的点用负数表示。从原点开始沿着垂直方向向上的点用正数表示，向下的点用负数表示。

角色参数区有一组参数，分别标记为 x、y，其后面的数字就是坐标值。使用鼠标拖曳角色到另一位置，会发现这一组数值也变化了，从而可以发现角色位置和坐标值的关联。

舞台中心位置是坐标原点（0，0），起点在舞台左侧，当角色在起点时，它们 x 方向的坐标值是一样的，而且是负数，y 方向的坐标值不同，且有一定间隔，以免两个角色重叠。

综上所述，可以设计小狗角色的起点位置坐标是（–200，–50），兔子角色的起点坐标是（–200，50）。

（2）"移到 xy" 积木。

使用这个积木块可以把角色准确地移动到某个位置，如舞台最左侧的起跑位置。这是一块蓝色积木，属于运动类模块，如图 3-3 所示。积木中有两个白色椭圆形框，分别是 x 坐标值和 y 坐标值，根据实际需要修改。

（3）起点设置。

单击小狗角色图标，拖曳"当█被点击"积木到该角色编程区，再拖曳"移

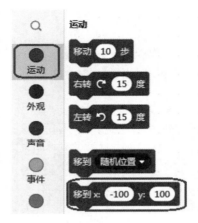

图 3-3 "移到 *xy*" 积木

到 *xy* 积木。按之前的设计,将积木中的参数修改为小狗角色的起点坐标值,如图 3-4 所示。

按照同样的步骤,单击兔子角色图标,完成起点设置,兔子角色的起点坐标是（-200，50）,如图 3-5 所示。

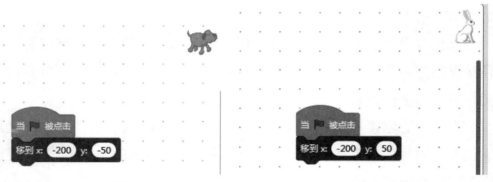

图 3-4　小狗角色的起点坐标　　　图 3-5　兔子角色的起点坐标

起点设置完成,单击"运行"按钮,可以看到"小狗"和"兔子"几乎同时来到起点位置,如图 3-6 所示。此时,它们的 *x* 坐标是相同的, *y* 坐标分别表示两条跑道的位置。

（4）终点设置。

一次赛跑,不仅有起点,还要设置终点。角色从左向右跑,可以设定角色从 *x* 坐标的 -200 跑到坐标 200,一共要跑 400。

3 . 开始赛跑

与企鹅走路控制相似，使用"移动"积木、"下一个造型"积木和"等待"积木来完成，因为到达终点后角色将停止移动，所以不再是无限次的循环执行，需要使用有限的重复次数。

要跑 400，假设一次移动 1 步，就要重复 400 次；每次移动 10 步，要重复 40 次；每次移动 20 步，要重复 20 次。

（1）"重复执行 * 次"积木。

使用这块积木，可以重复执行其内部的程序，执行次数可设定，如图 3-7 所示。积木内部的程序为单步执行的程序，如将次数设定为 10，将执行 10 次内部程序后，继续执行后续程序。

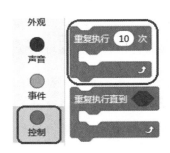

图 3-6 角色在起点　　　　图 3-7 重复执行积木

选中小狗角色，完成程序编写。使用重复执行积木，单次动作的程序参照之前的方法，依次搭建"移动"积木、"下一个造型"积木和"等待"积木。让小狗角色每次走 20 步，重复执行 20 次，完成后如图 3-8 所示。

单击"运行"按钮，观察程序执行结果。可以看到小狗角色向前奔跑，到达终点后停止。按照同样的方法编写兔子角色的程序，让兔子角色每次跑 10 步，执行 40 次。程序如图 3-9 所示。

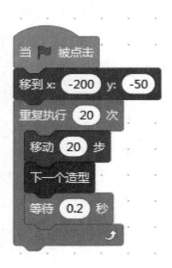

图 3-8 "小狗"奔跑的程序 图 3-9 "兔子"奔跑的程序

单击舞台左上方的"运行"按钮，观察运行结果。可以看到"小狗"和"兔子"同时来到起跑位置，赛跑时，"小狗"一路遥遥领先，率先到达终点停止奔跑。等到"兔子"也到达终点后，程序结束，自动停止运行。

反复多次运行程序，观察运行结果，体会为什么"小狗"跑得比"兔子"快？

（2）修改参数。

程序中可以修改的参数有重复执行次数、移动步数和等待时间。通过参数修改，可以改变程序运行结果！分别修改代码中的参数，观察运行结果，体会参数对程序的影响。

参数和赛跑结果的统计如表 3-1 所示。注意：重复执行次数的数值和移动步数的数值相乘后结果必须是 400，才能保证赛跑路程一样。

修改参数之后，先猜一猜，谁能够获胜，再运行代码，观察运行结果是否和猜测的一致。尽可能多地进行结果统计，发现参数变化和运行结果之间的联系。

表 3-1 赛跑结果统计

赛跑次数	小 狗			兔 子			运行结果
	重复执行次数	步数	下一个造型等待时间	重复执行次数	步数	下一个造型等待时间	
第一次							
第二次							
第三次							
⋮							

任务 3.2 扩展阅读：赛跑

赛跑是古老的运动项目，起源于远古时代人类的狩猎行为。奥运会田径类运动也有多种赛跑形式，诞生过许多赛跑健将，一次次地刷新了奥运纪录。可以说，跑得更快、更远，是人类永远的追求！

1. 速度

速度（velocity）用来表示物体运动的快慢，在数值上等于物体运动的路程（s）跟发生这段距离所用的时间（t）的比值，用公式表示为 $v=s/t$，即速度等于距离与时间的比值。在国际单位制中，速度的单位是米每秒。

在本章的角色移动指令中，小狗的移动步数设置为 20，兔子的移动步数设置为 10，前者是后者的 2 倍。相同的路程，前者的奔跑速度也是后者的 2 倍。

②. 动物里面的"速度之最"

（1）爬行类动物的速度冠军是美国的一种蜥蜴，它逃跑时的最大速度达 24 千米 / 小时。

（2）飞得最快的昆虫是澳大利亚蜻蜓，它短距离的冲刺速度可达 58 千米 / 小时。

（3）鸵鸟是世界上跑得最快的鸟之一，速度可达 75 千米 / 小时。

（4）长跑最快的动物是藏羚羊，它特别擅长奔跑，奔跑速度可达 70~110 千米 / 小时，即使是临产的雌性藏羚羊，也会以很快的速度疾奔。它还是高原严酷环境下奔跑最快的动物。

（5）陆地上短跑最快的动物是非洲的猎豹，它奔跑速度可达 110 千米 / 小时。 但长距离奔跑速度仅为 60 千米 / 小时左右。它们最快的速度只能维持一分钟，接着便得花 20 分钟来喘息、恢复。

（6）长距离游速最快的鱼类是金枪鱼，游速达 230 千米 / 小时。

（7）游得最快的鱼类是旗鱼，游速达 120 千米 / 小时，比轮船正常航行的速度要快三四倍。

③. 高速有效跑步的技巧

（1）在有限的步频间隔，即在两步之间，减少触地，增加腾空的时间。

（2）前方抬腿送髋动作比较明显，后方腿离地时的角度也比较大，腾空时就像优美的弓箭步，这些都需要柔韧性的支持。原地弓箭步，能有效锻炼腿部、髋关节的灵活柔韧性，也能同时训练到大腿的力量。

（3）提高心肺能力。速度训练能够提高最大摄氧量，每次气喘吁吁地跑完，身体都在逐步强化——呼吸会更深，频率更高，心跳脉搏输出血量增加，也可以在极限条件下跑得更快。肌肉利用氧气的效率提高，如果氧气暂时不够了，产生乳酸，那么身体排除乳酸的能力也会增加。速度训练还有助于提高耐力。典型的速度训练有间歇跑、变速跑、冲坡等。

任务 3.3　总结与评价

先分组进行总结，分别说出制作过程及体会，并写出书面总结。再互相检查制作结果，集体给每一位同学打分。

1. 任务完成大调查

完成项目后在表 1-1 所示的打分表中打√。

2. 行为考核指标

行为考核指标，主要采用批评与自我批评、自育与互育相结合的方法。采用自我考核和小组考核后班级评定的方法。班级每周进行一次民主生活会，就行为指标进行评议，可在表 1-2 所示的评分表中进行自我评价。

3. 集体讨论

怎样设置参数，才能让"兔子"跑得比"小狗"快？

4. 思考与练习

单击"运行"按钮，角色到达起点，随即开始赛跑，实际上的赛跑是在起点等待，一声令下（单击"运行"按钮）开始赛跑。修改任务 3.1 中的程序，实现角色先在起点等待，单击"运行"按钮时开始赛跑。

提示：将移到起点坐标的积木单独控制，使用"当角色被点击"积木，让角色回到起点。

项目4 奇幻魔法

魔毯、神奇的扫把、魔法棒、魔法师等，这些蕴含神秘魔法的元素，共同呈现出一个充满奇迹和想象力的世界。魔法棒可以变换大小和旋转，魔法小球忽大忽小，只要魔法师给它命令，就可以自如变化。

本次项目以学习移动类模块和外观类模块为主，学习对物体旋转运动和外观大小变化的控制。学习"当按下＊键"积木、"左转"积木、"右转"积木、"将大小增加"积木、"将大小设为"积木，继续巩固"下一个造型"积木和"重复执行＊次"积木。

任务 4.1 玩转魔法棒

湛蓝的天空中出现一根魔法棒，魔法师可以将它变大或变小，还可以让它旋转。魔法棒变幻莫测，为了更好地编程控制，可以将魔法棒的变化设定为以下几种，分别使用一段代码来实现。

（1）按下数字 1 键，魔法棒右转 15°；

（2）按下数字 2 键，魔法棒左转 15°；

（3）按下数字 3 键，魔法棒变大；

（4）按下数字 4 键，魔法棒变小。

1. 舞台设置

打开软件，首先根据任务主题设置舞台，选择背景图片和角色。按照之前的方法，选择背景库中的"蓝天"作为背景图片，选择角色库"魔法棒"作为角色。将大小设为 50，设置完成的舞台如图 4-1 所示，一根"魔法棒"悬置在蓝天中。

图 4-1 魔法棒舞台

2. 代码编写

按下某个按键是魔法棒变化的控制事件，当触发此事件时，就会执行相应的代码命令。分别使用不同的按键，就可以独立实现如下 4 种控制。

（1）"当按下 * 键"积木。

此积木可以理解为"当……时候"，如"当按下数字 1 的时候"。之前使用过的事件类积木有"当▐被点击"和"当角色被点击"。在积木列表中，"当按下 * 键"积木位于上述两块积木之间的位置，如图 4-2 所示。

观察这块积木，发现"空格"字样右侧有一个小三角符号，这是一个可选项，单击小三角就可弹出隐藏的下拉菜单，如图 4-3 所示。将鼠标移动至菜单列表中，滑动鼠标滚轮，可以上下翻页查看菜单列表。

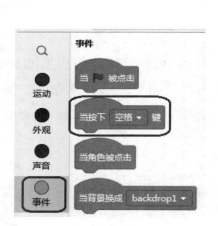

图 4-2 "当按下空格键"积木

图 4-3 下拉菜单

菜单列表包含 5 种类型，分别是"空格"、4 个方向箭头、"任意"、26 个小写英文字母以及数字 0~9。默认状态是选择"空格"键，根据控制的需要选择不同的按键控制。

将鼠标移动到此积木上，按住鼠标左键，将积木拖曳到代码区，从下拉菜单中选择 1，即可修改可选项为数字 1。按同样的办法，再放置 3 个同样的模块，分别修改可选项为数字 2、3、4，完成后如图 4-4 所示。

（2）左转和右转。

旋转是物体围绕某一点或轴进行向左或向右转动一定角度的运动。本处

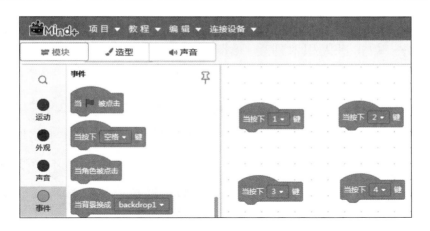

图 4-4　放置事件类积木

旋转动作分为左转 15° 和右转 15°，直接使用蓝色的运动类中对应的积木，如图 4-5 所示。可以看出，模块中椭圆形方框内是旋转角度值，可以依据实际需要更改，数值越大表示旋转角度越大。

根据任务要求，将右转积木放到"当按下 1 键"下方，将左转积木放到"当按下 2 键"下方，如图 4-6 所示。默认角度值是 15，如需修改角度数值，将鼠标移动到椭圆形方框内单击，原数值变为蓝色底纹，输入新数值即可。

图 4-5　右转积木和左转积木　　　　图 4-6　完成旋转控制

完成如图 4-6 所示的代码，可以进行测试，观察旋转控制的运行结果。每次按下数字 1 时，魔法棒向右旋转 15°；每次按下数字 2 时，魔法棒向左旋转 15°。

（3）变幻大小。

魔法棒不仅可以旋转，还可以变换大小。角色大小控制的积木属于外观类，与之前使用的"说"积木是一类。在模块列表中，"外观"类位于"运动"类下方，单击进入积木列表，滑动鼠标滚轮，在列表中找到"将大小增加"积木，如图4-7所示。

按住鼠标左键，将积木拖曳到代码区，放置在"当按下3键"积木下方，使用默认参数10。此时，每次按下数字键3时，魔法棒的大小将增加10。

仔细寻找，外观类积木并没有"将大小减少"积木，是不能变小吗？当然不是！这时不需要另外设计一块积木，而是通过修改参数来实现变小。在学习 xy 坐标和坐标定位积木时，认识过负数。

再次拖曳一块"将大小增加"积木，放置在"当按下4键"积木下方，将大小增加中的参数改为负数，如 –10。完成后的代码如图4-8所示。每次按下数字键4时，魔法棒将减小10。

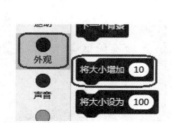

图4-7 "将大小增加"积木

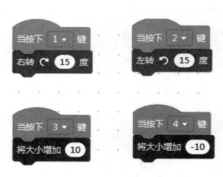

图4-8 完成大小变换

3. 调试和保存

通过4个数字键，分别实现了魔法棒的4种变化，控制每一种变化的积木都有可变的参数。调试时，修改参数后会有不同的效果。

（1）改变参数。

右转和左转是一组相对应的积木，使用右转积木，输入一个角度值，魔法棒就可以向右转动这个角度。这个角度数值有范围吗？可以使用的最小角度和最大角度是多少？还有一些特殊的角度，尝试输入这些参数，并测试观察运行结果，将会看到非常有趣的现象！

类似的参数也可以在左转积木中试一试，观察运行结果。

（2）参数是负数。

"将大小增加"积木的参数可以是负数，数字前面的"－"就是负号，后面的数值越大这个负数就越小。那么，角度值可以是负数吗？如果把角度设置为负数，程序将怎样执行？自己试一试吧！

（3）超级魔法棒。

"魔法棒"可以在旋转的同时变大或者变小，按下数字 1 键，"魔法棒"右转同时变大，按下数字 2 键，"魔法棒"左转同时变小。

将图 4-8 中的按键 1 和 3 的功能合并，按键 2 和 4 的功能合并，修改后的程序如图 4-9 所示。删除多余的积木，使用鼠标将其拖曳到左边积木列表区就可以了。

图 4-9　合并后的程序

修改完成，需要测试程序功能是否如预期所想。按下键盘上的数字 1，可以看到"魔法棒"右转一次同时变大；按下数字 2，可以看到"魔法棒"左转一次同时变小。

分别长按这两个数字键，观察程序运行结果。可以发现长按数字键时，"魔法棒"可以连续变化，顺时针旋转变大时，好像从空中飞来；逆时针旋转变小时，渐渐远离，出现动画一样的效果。

魔法升级：使用"重复执行 * 次"积木，实现按一次数字键，角色可以持续旋转的同时变大或变小。

使用"下一个造型"积木，实现"魔法棒"旋转之后变成另一种物品（造型），造型可自由选择。

任务 4.2　魔　法　小　球

在魔法小屋里，有一个黄色的魔法小球，它不停旋转着，一会儿变大一会儿变小。本次任务将使用"将大小设为"积木，设置小球的初始大小。单击"运行"按钮，小球变为初始大小，再旋转着变大，最后旋转着变小。

1. 舞台设置

根据任务要求，在背景库中选择名为"女巫小屋"的图片为舞台背景，在角色库中选择"球"为本次项目的角色。

详细选择过程不再重复。选择完成后，可将角色拖曳至合适的位置，球的大小和方向使用默认值，地毯上会出现一个黄色的小球，如图 4-10 所示。

图 4-10　魔法小球的舞台设置

2. 代码编写

接下来，需要为角色编写代码，实现角色旋转和变化的效果。根据任务要求，首先要对角色初始化，设置初始大小和方向。变化控制环节分为旋转变大和旋转变小两部分，都使用重复执行的方式实现连续的变化。

（1）初始化。

在之前的任务中，使用过舞台下方的"大小"参数，直接输入数值，即可改变角色的大小。如果程序运行之后角色大小发生变化，就需要每次运行程序之前手动修改角色的初始大小。使用初始化设置，可以实现运行程序时，首先将"小球"大小设为50，省去了手动修改参数的烦琐。

使用"将大小设为"积木，如图4-11所示，注意与"将大小增加"积木进行区分。先放置一块"当▊被点击"积木，再拖曳"将大小设为"积木与之相连，并修改参数为50，如图4-12所示。

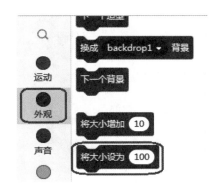

图 4-11　"将大小设为"积木　　　　图 4-12　"小球"的初始化

（2）旋转变大。

首先，在外观类积木中选择"将大小增加"积木，拖曳到代码区。此时，球需要变大，所以参数值应设为正数，如5。

假设旋转方向是顺时针旋转，即右转。在运动类积木中选择"右转"积木，拖曳至代码区，将参数值设为15。

上述两块积木，需要重复执行。选择控制类积木的"重复执行 * 次"积木，拖曳至代码区，将上面的两块积木嵌套其中，并设置次数为20次。

程序代码参考图4-13，单击代码块，运行程序。发现每单击一次代码块，小球就会顺时针旋转并变大。

（3）旋转变小。

旋转变小的代码与旋转变大非常相似，只是参数设置稍有不同。自己试一试，完成这一段的程序编写，参考图 4-14。单击代码块，运行程序，观察到小球顺时针旋转并变小。

将旋转变大和旋转变小的代码组合起来，就可以实现自动旋转和变化大小了。注意，任务要求小球先变大，因此，将变小的积木块整体连接到变大的积木块下方。拖动变小积木块，移动鼠标至变大积木块下方，松开鼠标，两个积木块就自动连接起来了，完成后如图 4-15 所示。

图 4-13　旋转变大　　　　图 4-14　旋转变小　　　　图 4-15　完整代码

单击"运行"按钮，观察程序运行结果。可以看到，黄色的小球旋转的同时逐渐变大，然后又旋转着变小，并且变回默认值大小。

任务 4.3　扩展阅读：视觉现象之"近大远小"

金黄色的小球越变越大，仿佛距离更近了，当它越变越小时，仿佛是在远离。为什么会有这种感觉呢？

使用照相机拍照时，镜头距离物体越近拍到的图像就越大。人类的眼睛跟照相机很像，同一个物体距离越近就显得越大，越远就显得越小，这就是视觉中的"近大远小"现象。这与眼睛的生理形态有关，也是一种物理现象。

眼睛的瞳孔是呈锥形的，可直视范围呈八字形。物体焦距越近，其直视面就越大；物体焦距越远，其直视面就越小，由此而形成"近大远小"视觉的必然现象。图 4-16 和图 4-17 就是生活中常见的"近大远小"视觉现象。

图 4-16　两列队伍的"近大远小"　　　图 4-17　路边栏杆的"近大远小"

但从另一个角度看，物体大小的存在是客观不变的，如移动物体与眼睛焦距的远近距离，就会产生大或小的视觉变化，而实质上该物体只是在位置上发生了变化，其体积和形态是不会发生任何变化的，这就是透视现象。

透视现象是物理概念，要用物理学的知识来解释，是比较复杂和抽象的。读者可以从生活中的透视现象开始，循序渐进地建立概念。其实，周围就有很多近大远小的透视现象，如延伸至远处的路面，路两旁的树木。如图 4-18 所示，小路和两旁的树木延伸至远处，在路的尽头仿佛已经连接在一起了。

如果没有透视的概念，在美术绘画时可能会出现透视错误。例如，想要画出类似于图 4-19 的景象，就需要使用透视画法。

图 4-18　延伸的小路　　　　　　图 4-19　绘画中的透视现象

利用这一现象，还可以拍摄出非常有趣的照片，为摄影增添很多快乐，如图 4-20 所示的两张照片。发挥创造力，每个人都可以拍出这样与众不同的照片。

(a)　　　　　　　　　　　　　(b)

图 4-20　有趣的照片

任务 4.4　　总结与评价

先分组进行总结，分别说出制作过程及体会，并写出书面总结。再互相检查制作结果，集体给每一位同学打分。

① . 任务完成大调查

完成项目后在表 1-1 所示的打分表中打√。

② . 行为考核指标

行为考核指标，主要采用批评与自我批评、自育与互育相结合的方法，采用自我考核和小组考核后班级评定的方法。班级每周进行一次民主生活会，就行为指标进行评议，可以用如表 1-2 所示的评分表进行自我评价。

③ . 集体讨论

怎样通过设置参数来改变小球的变化速度？

④ . 思考与练习

（1）小球默认大小是 100，将其变大 3 倍，再变回 100，怎样修改参数呢？

（2）在项目中增加魔法棒角色，并控制其旋转和变化。

项目5 视觉特效

简单地说，视觉特效就是对图片或场景的各种技术处理。经过特效处理，可以创造许多虚拟的真实场景，最常见的就是影视剧中各种难以捕捉的镜头。

Mind+软件可以做出丰富的视觉特效，包括颜色、亮度、马赛克等。本项目中的两个任务分别是学习颜色和亮度的控制方法，涉及外观模块、事件模块等方面的编程知识，读者可以结合有趣的案例边玩边学。

任务 5.1 百变时装秀

灯光绚丽的舞台上，一名歌手站在舞台中间正在表演，她的服装还可以不断地变换颜色，似乎在进行一场时装秀。

学会了改变服装颜色，就可以为舞台上更多角色更换服装颜色了，如公主、王子、精灵等，开始一场百变时装秀。

1. 演出舞台布置

编写代码之前，首先要根据任务的要求，设置背景和角色。

在背景库中选择"音乐"类中的"舞台聚光灯"图片作为舞台背景。

在角色库中选择"人物"类中的"歌手1"作为角色。调整角色的大小和位置，完成后如图 5-1 所示。

图 5-1 "歌手"的表演舞台

2. 使用颜色特效编写代码

通过编程，单击"运行"按钮，舞台上歌手的服装就开始不停地变换颜色。想要实现颜色变化的视觉效果，可以联想到外观类积木。

（1）颜色特效积木。

Mind+ 中可以使用的特效都集中在两块特效积木中，它们属于外观类，标志颜色是蓝紫色。打开编程软件，找到外观类积木，查看外观类积木指令。可以看到，这里有熟悉的"下一个造型""将大小增加"等积木块，这些积木块在之前的项目学习中已经使用过。滑动列表，可以看到两块积木，如图 5-2 所示。

仔细观察就会发现，这两块积木中"颜色"部分是可选的，其后带有白色小三角标识。在以前的学习中，也有类似的指令，还记得是哪些吗？

单击此积木块中的白色小三角，在弹出的下拉菜单中可以看到"亮度""鱼眼""漩涡""马赛克"等选项，如图 5-3 所示。可以看出，这些都是角色的特效设定。

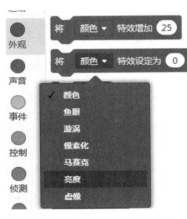

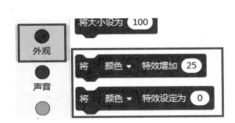

图 5-2　颜色特效积木　　　　图 5-3　特效下拉选项卡

控制方式上，特效积木包括两种，分别是"特效增加"和"特效设定为"。时装颜色变换使用的是"特效增加"这一块，要注意区分。

（2）代码编写。

首先拖曳一块"当▮被点击"积木放置在代码区，这是程序运行的触发事件，将"特效增加"积木块拖曳至下方，连接起来，默认参数是 25，如图 5-4 所示。

单击"运行"按钮，观察运行结果。可以发现，单击"运行"按钮后，歌手的服装变了一次颜色，就结束了。想要变换更多颜色，只能再运行一次程序，不能自动地变换颜色。

怎样循环变换颜色呢？使用循环执行就可以了。在控制类积木中找到"循环执行"积木，拖曳至代码区，如图 5-5 所示。

单击"运行"按钮，观察运行结果。可以发现，歌手的服装颜色变化太快了，几乎是在闪动中就变了，太有趣了！

变化太快，怎样才能慢一点呢？增加等待时间就可以了。"等待时间"积木和"循环执行"积木一样，都属于控制类积木。在列表中找到它，拖曳到循环内部就可以了，如图 5-6 所示。

图 5-4　使用颜色特效积木

图 5-5　使用循环执行

图 5-6　添加"等待时间"积木

试一试，改变特效增加积木的参数值会有怎样的视觉效果，能发现规律吗？改变等待时间，看看不同的等待时间会有哪些影响。

3. 其他表演者

歌手在表演时，虽然服装颜色可以变化，但是没有动作上的变化，视觉效果并不完美。进入"造型"界面，可以发现这个角色只有一个造型，因此不会有造型上的变化。

让更多的表演者来到舞台，一起进行时装秀。需要添加其他角色，选择一些有造型变化的角色，能让这场时装秀更漂亮。

（1）"公主"角色。

进入角色库，在"人物"类中选择"公主"角色，一位"公主"就出现在舞台上了。让"公主"变换服装颜色的代码与"歌手"是一样的，按照图 5-6 所示的代码为"公主"角色编写程序。

可是，这样的程序可以变换服装颜色，却不能让"公主"变换造型。如同项目 2 中企鹅角色走路时需要变换造型一样，此时需要使用"下一个造型"积木。

在外观类中找到"下一个造型"积木，拖曳到循环执行内部，如图 5-7 所示。为了避免两个角色出现相同颜色的服装，可修改"颜色特效增加"积木中的参数。

（2）更多表演者。

添加其他角色，让他们都来参加百变时装秀！每个角色的控制参照图 5-7，注意修改参数，这样可以呈现更丰富的色彩变换效果。

如图 5-8 所示，除了"歌手"和"公主"，还添加了"精灵"和"王子"两个角色，放到舞台上合适的位置，并为他们编写控制代码。

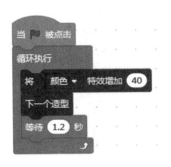

图 5-7　"公主"的代码

图 5-8　"时装秀"的舞台

 任务 5.2　一闪一闪亮晶晶

夜空中的星星一闪一闪，好像对着地上的人们眨眼睛。在夜空中看到的星星有两类，一类是恒星，另一类是行星。其中绝大多数都是遥远的恒星，恒星是发光的，这些恒星或许比太阳更大、更亮，但是由于距离遥远，因此我们只看到一点光亮。行星不发光，但是可以反射太阳光，因此也可以在夜空中看到。星星之所以会"眨眼睛"，与大气层的遮挡有关，地球的大气层是不断流动变化的，星星距离地球非常远，光线穿过厚厚的大气层时会被遮挡，发生折射，看起来就是一闪一闪的。

本次任务学习控制角色亮度的方法，使用任务 5.1 中的特效积木块，通过复制角色，修改角色参数，当单击"运行"按钮时，呈现夜空繁星闪烁的视觉效果。

1. 舞台布置

根据前面所学的步骤，进行舞台背景和角色的选择。先选择"夜空"图片作为舞台背景，再选择"星星"作为本次项目的角色，完成后的参考图如图 5-9 所示。角色默认大小是 100，使用鼠标可以自由拖动星星，将其放置在适当的位置。

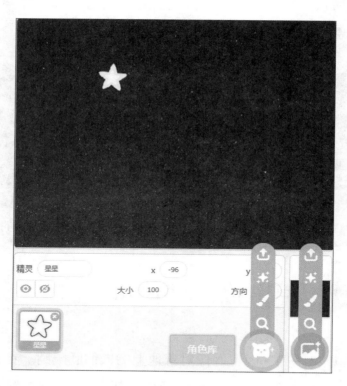

图 5-9　星星闪烁舞台

2. 星星闪烁

准备好舞台背景和角色的设置之后，为角色编写代码。想要实现夜空繁星闪烁的效果，首先使用特效积木块，并使用亮度选项，模拟一颗星星的闪烁控制，进而做出许多大小不同、亮度不同、闪烁不定的繁星。

（1）亮度特效指令。

特效积木块中，"颜色"选项是默认的特效设置，可以在列表中改为"亮度"选项，或其他选项，但一般不这么做，而是将积木块拖曳至代码区后，再根据使用需要更改选项。

与"将大小增加"和"将大小设为"这类积木块类似，特效类积木块也有两种，分别是"增加"和"设定为"。这两种积木块都可以实现本次任务的特效，方法虽然相似，也略有不同，本次任务以"设定为"积木块为例。

（2）代码编写。

编写程序最重要的就是养成良好的编程习惯，做到思路清晰，不混乱。完成代码编写后，单击"运行"按钮，"星星"不停地一闪一闪。

① 一闪一闪：暗和亮。"星星"一闪一闪的效果，实际上是亮度的变化，一会儿暗一会儿亮。在程序中，暗和亮都是通过参数确定的，还有时间的变化。二者配合起来才能有一闪一闪的特效。

拖曳一块"将特效设定为"积木至代码区，单击白色小三角，打开选项卡，选择"亮度"选项，这样就放置了一块亮度特效的积木。同样的方法，再次拖曳一块同样的特效积木放置在下方，如图 5-10 所示。

积木默认数值是 0，表示星星没有亮度。第一块积木参数不需要修改，第二块积木控制"星星"亮的状态，修改参数值为 200。数值过小亮度变化不明显，修改参数时应注意观察效果。

② 一闪一闪：等待时间。这里的等待时间就是"一会儿亮，一会儿暗"中所说的"一会儿"，暗了，等待一会儿变亮了，或者亮了，等待一会儿又变暗了。如果没有等待时间，很多现象就不容易被眼睛观察到，因为计算机的运行速度实在太快了，人们的眼睛看到的就是一直暗或一直亮，没有亮度变化。

进入控制类积木列表，第一块积木就是等待积木。将其拖曳到第一块亮度积木的下方，再拖曳一块积木放到第二块亮度积木的下方，等待积木的默认时间参数是 1 秒，如图 5-11 所示。

想一想，这里有两个等待时间，哪一个时间是暗的等待时间，哪一个时间是亮的等待时间呢？

图 5-10　暗和亮

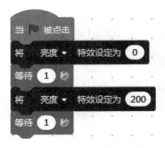

图 5-11　增加等待时间

③ 不停：循环执行。闪烁不停就是要求循环控制，使用控制类的"循环执行"积木块。亮度特效指令和等待时间都需嵌套进"循环执行"积木块中。进入控制类模块列表，找到"循环执行"积木块。拖曳至代码区，悬停在第一块亮度特效积木上方，当出现能覆盖所有特效指令的阴影时，松开鼠标即完成，如图 5-12 所示。

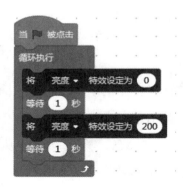

图 5-12　增加循环执行

3. 调试和修改

单击"运行"按钮，观察运行结果。可以看到夜空中的这颗小星星每隔1 秒就会闪烁一次。修改时间参数，可以让闪烁看起来更和谐，更符合实际。还可以再添加几颗星星，使用不同的闪烁频率，营造"一闪一闪亮晶晶"的效果，如图 5-13 所示。

（1）调整等待时间。

调整等待时间可以修改星闪烁的速度，如暗保持 0.2 秒，亮保持 0.3 秒，会有怎样的闪烁效果，自己试一试。

（2）增加星星。

添加同样的角色有两种方法，一种是在角色库中选择该角色，再为其编写代码。还有一种是复制的方法。在角色列表区，在要复制的星星角色上方右击，在弹出的菜单中选择"复制"命令就可以了，如图 5-14 所示。

图 5-13　繁星闪烁示例

图 5-14　复制角色

这时，控制程序也会跟随着角色一起被复制。如果想要修改参数，就可以进入角色修改，省去了拖曳代码的时间。"夜空"中很快就会出现"满天繁星"了。

（3）改变星星大小。

仔细观察会发现，夜空中的星星并不是一样大的。角色中星星的默认大小是 100，舞台下方参数区域的"大小"数值可以直接改变相应星星的大小，如可以改为 50、80、120 等。最终呈现效果可以参考图 5-13。

 ## 任务 5.3　扩展阅读：太阳系和星星

我们所居住的地球只是一个微小而普通的成员，它与太阳和其他七大行星一起构成了太阳系。而太阳系又只是银河系中数以百亿计恒星之一，银河系则是宇宙中数以千亿计星系之一。

1. 广阔太阳系

太阳系（solar system）是一个以太阳为中心，受太阳引力约束在一起的天体系统，包括太阳、行星及其卫星、矮行星、小行星、彗星和行星际物质。太阳系位于距银河系中心大约 2.4 万~2.7 万光年的位置（银河系的恒星数量约在 1000 亿到 4000 亿之间，太阳只是其中之一）。太阳以 220km/s 的速度绕银河系的中心运动，大约 2.5 亿年绕行一周，地球气候及整体自然界也因此发生 2.5 亿年的周期性变化。太阳系结构如图 5-15 所示。

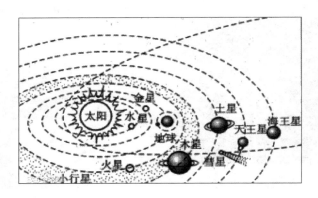

图 5-15　太阳系结构简图

2. 星星之最

决定人们观察星星是明是暗的，主要有两个因素：一是星星发光能力的大小，二是星星和人们之间距离的远近。天文学家通常把星星发光的能力分为 25 个星等，发光能力最强的比发光能力最差的大约相差 100 亿倍。离人们距离近的星星的发光能力强，因此人们看到它就比较亮。可是，即使发光能力相当强的星星，假如离人类十分遥远，那么它的亮度也许还不及比它的发光能力差几万倍的星星。星星越亮，星等就越小。

（1）最亮的行星。在地球上，人类肉眼可以看到五大行星，其中最亮的就是金星。金星的亮度虽然远不如太阳和月亮，但比著名的天狼星（除太阳外全天最亮的恒星）还要亮 14 倍，犹如一颗耀眼的钻石。金星不仅亮度很高，也很特别，它是太阳系内唯一逆向自转的大行星，自转方向与其他行星相反，是自东向西。因此，在金星上看，太阳是西升东落。

（2）最古老的恒星。自古以来，人们会用"天荒地老"来比喻时间的长久，可是天荒地老的时间却没有一颗星星的寿命长。在距离地球 3.6 万光年的地方，有一颗编号为 HE0107-5240 的巨星，它的年龄大约有 132 亿岁。

（3）最快的恒星。每当看星星的时候，人们都习惯在固定的位置寻找，其实很多星星在高速运转中，有的运转速度远远超乎人们的想象。2005 年，美国的天文学家发现了一颗恒星，其运行速度每小时超过 240 万千米。天文学家推测这颗星星运行速度如此之快，很可能是由于约 8000 万年前，一颗恒星和银河系中心的特大质量黑洞相遇促成的。不过这颗高速运转的恒星最终将飞离银河系，这也是人类发现的第一颗将要"逃跑"的恒星。

（4）最热的白矮星。太阳是地球上光和热的来源，而夜晚面对星空，只看到点点闪闪的光芒，却不知道其中有的星星同样散发着光和热。一颗编号为 H1504+65 的白矮星(死亡恒星的高密度残骸)表面温度高达 20 万摄氏度，是太阳表面温度的 30 倍。

（5）最美的星系。星星是浪漫的代名词。在距离地球 3 万光年的银河系边缘，有两个上演着"探戈"的巨大星系。这两个星系是由数十亿颗恒星和气体云组成，都呈螺旋状。右侧较大星系的恒星、气体和灰尘形成一个"手臂"，包围在左侧较小的星系，在相互作用下慢慢地摆出各种优美舞姿。

任务 5.4　总结与评价

先分组进行总结，分别说出制作过程及体会，并写出书面总结。再互相检查制作结果，集体给每一位同学打分。

① 任务完成大调查

完成项目后在表 1-1 所示打分表中打√。

② 行为考核指标

行为考核指标，主要采用批评与自我批评、自育与互育相结合的方法。采用自我考核和小组考核后班级评定的方法。班级每周进行一次民主生活会，就行为指标进行评议，可以在如表 1-2 所示的评分表中进行自我评价。

③. 集体讨论

特效增加参数设置为多少公主的服装只能变化 2 种，什么时候能变化 4 种？特效参数最大数字可以是多少？此时会发生什么视觉效果？

还发现了什么，与老师和同学交流你的发现吧。

④. 思考与练习

（1）本项目是使用"将亮度特效设定为"积木完成的，如果使用"将亮度特效增加"积木也能实现类似的效果吗？可以怎样编程实现。

（2）在编写百变时装秀程序时，怎样呈现"公主"边"走"边进行时装颜色和造型的变化？

项目6　悟空七十二变

　　《西游记》是中国四大古典名著之一，取经之路"历尽坎坷成大道"，有趣的同时也激励着人们不怕困难去实现理想。其中孙悟空的形象更是深入人心，他拜菩提祖师为师父，学习了"七十二变"的本领，帮助师徒4人在取经途中战胜了各路妖魔鬼怪。

　　孩子们希望自己能像悟空一样随时变身，想变就变。本章以孙悟空随意变换不同的造型为核心，学习在Mind+中为角色增加造型的方法，继续巩固"说"积木、"下一个造型"积木、"循环执行"积木等。

任务 6.1 海 底 之 行

悟空去东海龙宫借兵器，这是他第一次看到海底世界，觉得什么都新奇好玩。单击"运行"按钮，悟空说出"俺老孙来也，看我七十二变"之后，一会儿变成螃蟹，一会儿又变成一条鱼，玩得不亦乐乎。

1. 打造海底场景

选择适当的背景和角色，让悟空的龙宫之行呈现出更美、更逼真的画面，如图 6-1 所示。在背景库中选择"海底世界 2"为背景图片。角色当然是悟空了，但是角色库中没有悟空的图片，选择一只"猴子"的图片也可以，这时的悟空就是一只顽皮的猴子！

图 6-1 场景设置

2. "悟空"的变身代码

没有编程的悟空不会说话，也不会七十二变。为悟空编写代码，先让他说出"俺老孙来也，看我七十二变"，接着变身为一只螃蟹，等待几秒后，又变身为一条鱼。

（1）说话指令。

说话指令并不能真的发出声音来，而是将角色说的话显示在画面中，运行程序时能看到角色说话的内容。因此，说话指令是一种外观指令。

在之前的项目中学习和使用过类似的"说"积木，本次任务将使用带时间的"说"积木，如图6-2所示。

按照要求，悟空要说两句话，需要使用两块"说"积木。连接好积木之后，将说话内容改为"俺老孙来也"和"看我七十二变"，如图6-3所示。

（2）修改造型。

悟空变身是造型上的切换，以前的项目中学习过造型变化的积木了。在"循环执行"积木内嵌套"下一个造型"积木和"等待"积木，如图6-4所示。

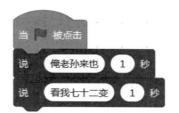

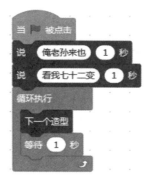

图6-2 "说"积木　　　图6-3 完成说话设置　　　图6-4 悟空变身代码

完成后，单击"运行"按钮，发现悟空不能变身，只有表情的变化。选择"造型"标签，进入造型界面，如图6-5所示。在左侧的列表中可以看到，虽然角色自带3个造型，但不能让悟空实现变身。需要删除多余造型，再增加新的造型。

在图6-5中，只需要保留造型1，这是悟空的原形。删除列表中不用的造型，选择造型2，单击图标右上角的删除符号即可。用同样的方法删除造型3。

接下来，为悟空增加造型。在图6-5中，单击画面左下角的"选择一个

图 6-5　进入造型界面

造型"按钮，在弹出的造型图库中选择"螃蟹"图片，选中的造型就会出现在左侧列表中。用同样的方法增加鱼的造型，完成后如图 6-6 所示，添加了螃蟹 -a、鱼 -b 和海星 -a 这 3 个造型。

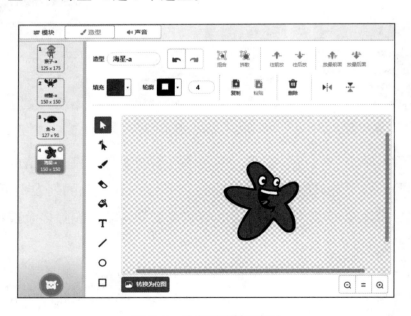

图 6-6　为悟空增加造型

返回"模块"界面，单击"运行"按钮，观察运行结果。可以看到，角色按照造型列表的顺序每间隔1秒就"变身"一次,直到单击"停止"按钮。

（3）从原形开始。

运行程序时会发现,程序执行时,随机单击"停止"按钮时,程序就停在当前的造型上。再次运行程序时,只能从停止时的造型开始变换,不能从"悟空"的原形开始。

程序开始运行,无论之前是什么造型,首先将造型转换成最初的猴子造型。如图6-7所示,在造型类中找到"换成 ** 造型"积木。

拖曳此积木至程序中,如图6-8所示。单击积木中的小三角,弹出的可选项是当前角色的所有造型,选择需要的造型即可。根据任务需要,本次选择"猴子-a"造型。

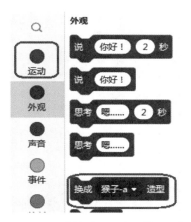

图6-7 "换成 ** 造型"积木

图6-8 增加原形开始的程序

单击"运行"按钮,观察运行结果。可以看到,每次运行程序时,"悟空"都会使用原形"说"两句话,再开始变身。

完成运行后,暂时不需要修改的项目可以保存起来,方便下次使用。

3. 顽皮的"悟空"

学习本领的时候,除了学的过程,还有练习的过程。学会的本领,只有反复琢磨,多多练习,才能做到精益求精,好上更好!

任务6.1中"悟空"可以变身了,但是只能站在原地变身,怎样让"悟空"变换造型的同时变换位置呢? 方法就是让"悟空"在保留原有变身动作的基础上，可以在舞台任意位置随机出现。

　　要增加新的功能，就要增加相应的积木。在运动类积木（蓝色）列表选择"移到 xy"积木，如图 6-9 所示。

　　拖曳此积木块至程序中，选择积木参数中的"随机位置"，放在哪里更合适呢？放在循环执行内部，还是循环执行外部？自己试一试，比较一下有什么不同？参考程序如图 6-10 所示，单击"运行"按钮后观察执行结果。

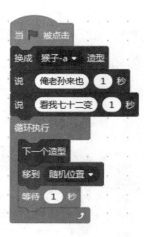

图 6-9　"移到随机位置"积木　　　图 6-10　顽皮的"悟空"程序

任务 6.2　扩展阅读：走进《西游记》

　　《西游记》是中国古代第一部浪漫主义章回体长篇神魔小说。现存明刊百回本《西游记》均无作者署名，鲁迅、胡适等人从《天启淮安府志》所载断定淮安府人吴承恩是章回小说《西游记》的作者。全书主要描写了孙悟空出世及大闹天宫后，遇见了唐僧、猪八戒、沙僧和白龙马，西行取经，一路上历经艰险，降妖除魔，经历了九九八十一难，终于到达西天见到如来佛祖，最终五圣成真的故事。该小说以"玄奘取经"这一历史事件为蓝本，经作者的艺术加工，深刻地描绘出明代百姓的社会生活状况。《西游记》是中国神魔小说的经典之作，达到了古代长篇浪漫主义小说的巅峰，与《三国演义》

《水浒传》《红楼梦》并称为中国古典四大名著。《西游记》自问世以来在民间广为流传，各式各样的版本层出不穷。明代刊本有 6 种，清代刊本、抄本有 7 种，典籍所记已佚版本 13 种。鸦片战争以后，大量中国古典文学作品被译为西文，《西游记》渐渐传入欧美，被译为英、法、德、意、西、世（世界语）、斯（斯瓦希里语）、俄、捷、罗、波、日、朝、越等语言。

① . 创作背景

唐太宗贞观元年（公元 627 年），25 岁的和尚玄奘徒步去往天竺（印度）游学。他从长安出发后，途经中亚地区、阿富汗、巴基斯坦，历尽艰难险阻，最后到达了印度。在那里学习了两年多，并在一次大型佛教经学辩论会任主讲，受到了赞誉。贞观十九年（公元 645 年）玄奘回到了长安，带回佛经 657 部，轰动一时。后来玄奘口述西行见闻，由弟子辩机辑录成《大唐西域记》十二卷。这部书主要讲述了路上所见各国的历史、地理及交通，没有什么故事。玄奘的弟子慧立、彦琮撰写的《大唐大慈恩寺三藏法师传》，则为玄奘的经历增添了许多神话色彩，从此，唐僧取经的故事便开始在中国民间广为流传。南宋有《大唐三藏取经诗话》，金代院本有《唐三藏》《蟠桃会》等，元杂剧有吴昌龄的《唐三藏西天取经》、佚名的《二郎神锁齐天大圣》等，这些都为《西游记》的创作奠定了基础。吴承恩也正是在中国民间传说和话本、戏曲的基础上，经过艰苦的再创造，完成了《西游记》的创作。

② . 人物介绍

孙悟空又名孙行者、悟空，被花果山众妖尊为美猴王，其自封为"齐天大圣"。

花果山顶有一块仙石，因长期吸收天真地秀、日月精华，一日从中蹦出一只石猴。他发现了花果山上的水帘洞，被众猴尊奉为王，遂称"美猴王"。他被菩提祖师收为弟子，习得了高强本领，还闯到东海龙宫，强夺了"如意金箍棒"作为自己的兵器。之后他手持金箍棒，自封为"齐天大圣"，大闹天宫，将十万天兵天将打得落花流水。玉帝请来西天如来佛祖解救，如来施法将悟空压在了五行山下。五百年后，观音菩萨将悟空度入佛门，让去西天如来处取佛法真经的大唐高僧唐三藏将他救出。悟空从此成了唐僧的大徒弟。一路上，他和师弟猪八戒、沙和尚护佑师父跋山涉水，降伏了白骨精、蜘蛛精、牛魔王等形形色色的妖魔鬼怪，战胜了九九八十一难，终于成功取到了真经，修成了正果。他本人被如来封为"斗战胜佛"。

唐僧，俗姓陈，小名江流儿，法号玄奘，号三藏，被唐太宗赐姓为唐，为如来佛祖第二弟子金蝉子投胎。他是遗腹子，由于父母凄惨、离奇的经历，自幼在寺庙出家，长大后在金山寺出家，最终迁移到京城的著名寺院中落户、修行。唐僧勤敏好学，悟性极高，在寺庙僧人中脱颖而出。最终被唐太宗选定，与其结拜并前往西天取经。在取经的路上，唐僧先后收服了3个徒弟：孙悟空、猪八戒、沙僧，并取名为悟空（菩提祖师所取，唐僧赐别号行者），悟能和悟净，之后在3个徒弟和白龙马的辅佐下，历尽千辛万苦，终于从西天雷音寺取回35部真经。他功德圆满，加升大职正果，被赐封为旃檀功德佛。唐僧慈悲心肠，一心向佛，为人诚实善良，但也有怯懦的一面。

猪八戒又名猪刚鬣、猪悟能。原为天宫中的"天蓬元帅"，掌管天河水军。因在王母瑶池蟠桃宴上醉酒，逞雄闯入广寒宫，企图调戏霓裳仙子，霓裳再三不依从。后来，纠察灵官奏明玉皇，惹怒玉帝，将其罚下人间。但错投了猪胎，成了一只野猪，修炼成精，长成了猪脸人身的模样，拥有投胎前的记忆和玉帝赏赐的兵器。在高老庄抢占高家三小姐高翠兰，被孙悟空降伏，跟随唐僧西天取经。最终得正果，封号为"净坛使者"。猪八戒为人好吃懒做，憨厚，胆小，且贪图小便宜、好色，但他又是富有喜剧色彩的，而且有时立有功劳。 猪八戒的兵器是九齿钉耙，全名为上宝沁金钯，只会天罡数的三十六种变化。

沙和尚又名沙悟净、沙僧。原为天宫中的卷帘大将，因在蟠桃宴上打碎了琉璃盏，惹怒玉皇大帝，被贬入人间，在流沙河畔当妖怪，受万箭穿心之苦。后被唐僧师徒收服，一路主要负责牵马，得成正果后，被封为"金身罗汉"。沙和尚为人忠厚老实、任劳任怨。

白龙马又名玉龙（小龙王）。原是西海龙王敖闰之子，因纵火烧了殿上的明珠，被其父以忤逆罪告到天庭玉帝，被玉帝派人打了三百下，悬吊半空中，等候处理。观音菩萨赴东土寻找取经人的半路遇到后，向玉帝求情救下玉龙给西天取经人当脚力。因此，白龙马也是以戴罪之身来赎前世的罪孽。与沙僧相比，他应该是罪孽深重，"纵火"是故意行为，与"失手"有主观意愿的不同；"明珠"是珍奇异宝，"琉璃盏"只不过是普通的器皿，因此，损失程度完全不可同日而语。正是玉龙不知珍惜珍贵的珍宝，所以才需要他从前世令人景仰的飞腾"玉龙"变成今世任人骑乘的普通"白马"。与其他 3 个师兄从神到妖再到人的转变相比，玉龙是直接从神到兽，在西行取经之路上通过四脚走路，还经常遭到别人抽打，从而体会什么叫"珍惜"。

任务 6.3 总结与评价

先分组进行总结，分别说出制作过程及体会，写出书面总结。再互相检查制作结果，集体给每一位同学打分。

1．任务完成大调查

完成项目后在表 1-1 所示打分表中打√。

2．行为考核指标

行为考核指标，主要采用批评与自我批评、自育与互育相结合的方法。采用自我考核和小组考核后班级评定的方法。班级每周进行一次民主生活会，就行为指标进行评议，可用如表 1-2 所示评分表进行自我评价。

3．集体讨论

在《西游记》中，师徒四人在唐僧的带领下最终取得了真经，为什么唐僧没有任何本领却能成为师父呢？

4．思考与练习

除了海底，悟空还去过哪里？他还会变成什么去打败妖魔鬼怪，保护师父西天取经呢？自己想一想，设计自己的"悟空七十二变"。

项目 7　如意金箍棒

　　孙悟空在东海龙王那里得到的兵器是什么？没错，就是如意金箍棒，也叫定海神针。"移到 xy""将大小增加""将大小设为""循环执行"这些积木块的用法在以前的项目中已经学习过了，本次项目以综合应用为主，巩固和应用学过的编程知识和方法。

任务 7.1　变化的"金箍棒"

金箍棒本来是"镇海神铁",有两丈多长,大约为 6 米。悟空可以把它变成一根绣花针藏在耳朵里,使用时也可以让它变大。

在舞台上绘制一根"金箍棒",编写控制程序,单击"运行"按钮时,会看到"金箍棒"由小变大、由大变小的舞台效果。

① . 舞台背景和角色

选择适当的舞台背景和角色是编写程序的第一步,当发现角色库中没有需要的角色图片时,怎么办?可以按自己的想法绘制角色。

(1)选择舞台背景。

按照之前学习的方法,选择舞台背景。根据任务需要,选择"海底世界 1"为背景,如图 7-1 所示。

图 7-1　选择舞台背景

(2)绘制角色。

如果发现角色库中没有如意金箍棒,这时可以自己绘制一个合适的图形作为角色。

将鼠标指针移到界面右下方的按钮上短暂停留,在弹出的工具栏中选择"画笔"图标,此时显示出"绘制"字样,如图 7-2 所示。单击"绘制"进入角色绘制界面,如图 7-3 所示。

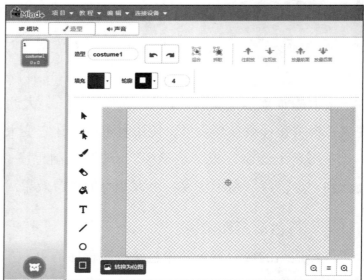

图 7-2 进入角色绘制

图 7-3 "绘制角色"窗口

在图 7-3 中，灰色阴影部分是绘制区，绘制区左侧竖排图标是绘制工具。在绘制区中心点附近位置，利用绘图工具中的矩形绘制一根小棒，调整颜色，就完成了如意金箍棒的角色绘制。具体方法如下。

① 绘制形状。单击绘制工具最下方的"矩形"图标，仿照"金箍棒"的外形，在绘制区画一个长方形。完成后，舞台区就会出现刚刚绘制的角色。调整矩形周边蓝色边框，可以修正矩形大小，如图 7-4 所示。

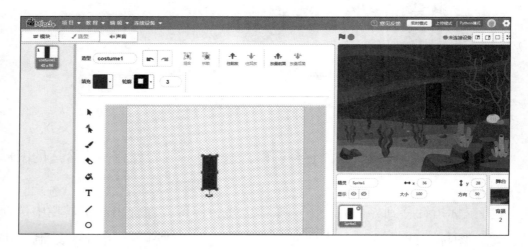

图 7-4 绘制矩形

② 调整填充颜色。单击绘制区上方"填充"后面的小三角，弹出填充颜色设置菜单，如图 7-5 所示。使用鼠标滑动参数，绘图区矩形内部颜色实时变化，直到出现想要的颜色。本次可将颜色调整为金黄色，还可以选择渐变色，共有 3 种渐变色可选。

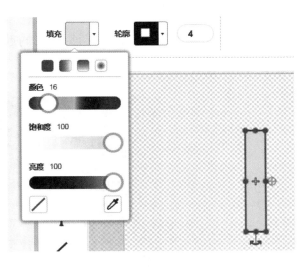

图 7-5　调整填充颜色

③ 调整轮廓颜色。单击绘制区上方"轮廓"后面的小三角，弹出填充轮廓设置菜单。与填充颜色设置相似，使用鼠标滑动参数，选择合适的轮廓颜色。如图 7-6 所示，使用红色为边框颜色。

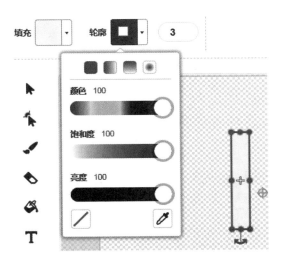

图 7-6　调整轮廓颜色

④ 调整轮廓粗细。轮廓工具后面的数字工具用于调整轮廓线条的粗细，数字越大线条越粗。移动鼠标至数字位置，会出现上下两个小三角图标，如图 7-7 所示。单击向上的小三角图标，数字变大，线条变粗；单击向下的小三角图标，数字变小，线条变细。本次将轮廓线粗细设为 4。

完成以上调整，观察舞台区矩形外观，如不合适，按以上步骤继续调整。如果无须调整，在绘制区单击空白处，即完成该角色的绘制。参考图 7-8，舞台上出现了刚刚绘制的一根黄色的"金箍棒"。

图 7-7　调整轮廓粗细　　　　　图 7-8　舞台上的"金箍棒"

2. 编写程序：突然变化

角色绘制完成后，还要为它编写代码，才能实现"如意金箍棒"的变化。金箍棒本来不会变化，孙悟空得到它之后，能够随意让它变化大小长短，而且只按孙悟空的想法变化，所以才叫"如意金箍棒"。

单击"运行"按钮，首先对"金箍棒"进行初始状态设置：在位置（30，30）的地方变化，初始大小是 100。随后，"金箍棒"变大到 1100，再变小到 100，循环往复，直到单击"停止"按钮。

按照上面的要求，编写代码。需要用到的积木块在以前的项目中都学习和使用过。可能会用到的积木块如图 7-9 所示，此处不再详细介绍，完成后的程序如图 7-10 所示。

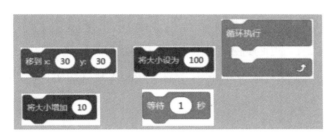

图 7-9　可能会用到的积木

图 7-10　变化的"金箍棒"
参考代码

单击"运行"按钮，观察运行结果。可以看到"金箍棒"一会儿很大，以至于舞台都装不下，一会儿又变小了。

③. 编写代码：逐渐变化

"金箍棒"可以突然变换大小，也可以逐渐变大变小。新建一个项目，按照上面学习的方法，选择舞台背景并绘制角色。

单击"运行"按钮，首先对"金箍棒"进行初始状态设置：在位置（130，30）的地方变化，初始大小是 100。随后，"金箍棒"逐渐变大（数值自由设定），再逐渐变小，循环往复，直到单击"停止"按钮。想要逐渐变化，会用到哪些积木呢？

"金箍棒"逐渐变大需要重复执行"将大小增加"指令，逐渐变小也需要重复执行"将大小增加"指令，而这两种变化都需要循环执行。编写这个程序需要使用的积木在以往的项目中都学习和使用过了，自己先试一试，再参考书中的程序。

（1）初始设置代码。初始化与之前的程序相似，只要功能是确定角色初始位置和初始大小，代码参考图如图 7-11 所示。也可以按照自己的想法使用其他参数。

（2）逐渐变大。逐渐变大就是将"将大小增加"指令重复执行，如按照每次增加 50，重复执行 10 次，就变大了 500，等待时间决定了变化的速度，按照这样的思路编写程序，参考程序如图 7-12 所示。

（3）逐渐变小。逐渐变小也是将"将大小增加"指令重复执行，只不过增加的参数是负数，在魔法棒的项目中学习过。如按照每次增加 –50，重复执行 10 次，等待时间就是变化的速度，代码参考如图 7-13 所示。

（4）循环执行。将上面的 3 段代码连接起来，就可以逐渐变化一次，如此循环就可以实现多次变化，直到单击"停止"按钮。应该怎样增加这块积木呢？自己试一试。

图 7-11　初始设置

图 7-12　逐渐变大

图 7-13　逐渐变小

任务 7.2　扩展阅读：认识如意金箍棒和四大名著

1. 如意金箍棒

如意金箍棒是神话小说《西游记》中孙悟空所使用的兵器。如意金箍棒原本就是兵器，是太上老君所炼制，"如意金箍棒"这个名字也是太上老君所取，并刻在棒身上，是最初的名字。后来被大禹借走治水，才被大禹取了第二个名字"天河定底神珍铁"。

（1）出处。

根据《西游记》的记载，金箍棒似乎注定就是孙悟空的。孙悟空去东海龙王处索要兵器时得到的。书中第三回说道"我们这海藏中，那一块天河底的神珍铁，这几日霞光艳艳，瑞气腾腾，敢莫是该出现，遇此圣也？""龙王果引导至海藏中间，忽见金光万道。龙王指定道：'那放光的便是。'"最初作为定海神珍的金箍棒"乃是一根铁柱子，约有斗来粗，二丈有余长"。金箍棒亦称"灵阳棒"。

（2）特点介绍。

孙悟空得到后，能随其心意变化大小，而且似乎只听孙悟空的。在书中金箍棒被夺走过，但没有任何其他神仙或者妖怪能够让金箍棒随意变化。平时孙悟空将金箍棒变成绣花针大小，藏在耳内，临敌时，从耳内取出，马上变成碗口粗细的一根铁棒。它还能随身体大小变化而按比例改变大小，孙悟空变成昆虫，金箍棒同样还是能藏在耳内，而不会无法随身携带。这也是取名"如意金箍棒"的含义。金箍棒的威力很大，连神仙都敌不过它。由于非常重，书中说"莫说拿！那块铁，挽着些儿就死，磕着些儿就亡，挨挨皮儿破，擦擦筋儿伤！"而且金箍棒还能被孙悟空随意变化，变成其他的物体，或者很多的数量，而它本身的性质仍然保留。书中也说，"金箍棒是海中珍，变化飞腾能取胜"。孙悟空也说自己的棍子"打石头如粉碎，撞生铁也有痕"。

这里要说明的一点是，其他神仙也可以用法力将自己的武器变大、变小或变多等，但金箍棒则与其他一般神兵不同，金箍棒本身具有灵性，无须法力驱动，而是随孙大圣心意任意变化长短粗细，故名"如意"。

2. 四大名著

中国古典长篇小说四大名著，简称四大名著，是指《水浒传》《三国演义》《西游记》《红楼梦》（按照成书先后顺序）这四部巨著。

（1）《水浒传》。

作者：施耐庵（1296—1370 年），《水浒传》的作者究竟是谁具有争议，目前最广泛认可的说法是《水浒传》的作者是施耐庵。历史上还有其他几种观点，包括了罗贯中说、施惠说、郭勋托名说、宋人说等。

介绍：《水浒传》的故事源起于北宋宣和年间，出现的话本《大宋宣和遗事》描述了宋江、吴加亮（吴用）、晁盖等 36 人起义造反的故事，成为《水浒传》的蓝本。

《水浒传》是中国历史上第一部用古白话文写成的歌颂农民起义的长篇章回体板块结构小说，以宋江领导的起义军为主要题材，通过一系列梁山英雄反抗压迫、英勇斗争的生动故事，暴露了北宋末年统治阶级的腐朽和残暴，揭露了当时尖锐对立的社会矛盾和"官逼民反"的残酷现实。

（2）《三国演义》。

作者：罗贯中（约1330—1400年），名本、才本，字贯中，号湖海散人。元末明初作家、戏曲家。

介绍：《三国演义》是综合民间传说和戏曲、话本，结合陈寿的《三国志》、范晔的《后汉书》、元代的《三国志平话》和裴松之注的史料，以及作者个人对社会、人生的感悟所写。

《三国演义》故事开始于黄巾兵起义，结束于司马氏灭吴开晋，以描写战争为主，反映了魏、蜀、吴3个政治集团之间的政治和军事斗争，展现了从东汉末年到西晋初年之间近一百年的历史风云，并成功塑造了一批叱咤风云的英雄人物。

（3）《西游记》。

作者：吴承恩（1501—1582年），字汝忠，号射阳山人。中国明代杰出的小说家。他生于一个由学官沦落为商人的家族，家境清贫。

介绍：《西游记》以民间传说的唐僧取经的故事和有关话本及杂剧（元末明初杨讷作）基础上创作而成。

《西游记》前7回叙述孙悟空出世，有大闹天宫等故事。此后写孙悟空随唐僧西天取经，沿途除妖降魔、战胜困难的故事。书中唐僧、孙悟空、猪八戒、沙僧等形象刻画生动，规模宏大，结构完整。《西游记》富有浓厚的佛教色彩，其隐含意义非常深远，众说纷纭，见仁见智。可以从佛、道、俗等多个角度欣赏，是中国古典小说中伟大的浪漫主义文学作品。

（4）《红楼梦》。

原名：《石头记》《金陵十二钗》《风月宝鉴》等。

作者：曹雪芹（约1715—1763年），名沾，字梦阮，号雪芹，又号芹溪、芹圃。清代小说家、诗人、画家。

高鹗（1758—约 1815 年），字云士，号秋甫，别号兰墅、行一、红楼外史。

介绍：《红楼梦》是一部章回体长篇小说。早期仅有前八十回抄本流传，八十回后未完成且原稿佚失，原名《脂砚斋重评石头记》。程伟元邀请高鹗协同整理出版一百二十回全本，定名《红楼梦》，亦有版本作《金玉缘》。

《红楼梦》讲述的是发生在一个虚构朝代的封建大家庭中的人、事、物，其中以贾宝玉、林黛玉、薛宝钗 3 人之间的感情纠葛为主线，通过对一些日常事件的描述体现了在贾府大观园中以"金陵十二钗"为主体的众女子的爱恨情仇。而在这同时，又从贾府由富贵堂皇走向没落衰败的次线反映了一个大家族的没落历程和这个看似华丽的家族的丑陋内在。

　## 任务 7.3　总结与评价　

先分组进行总结，分别说出制作过程及体会，写出书面总结。再互相检查制作结果，集体给每一位同学打分。

❶. 任务完成大调查

完成项目后在表 1-1 所示打分表中打√。

❷. 行为考核指标

行为考核指标，主要采用批评与自我批评、自育与互育相结合的方法。采用自我考核和小组考核后班级评定的方法。班级每周进行一次民主生活会，就行为指标进行评议，可用如表 1-2 所示评分表进行自我评价。

❸. 集体讨论

在逐渐变化的程序中，修改参数，观察变化过程。如果想让"如意金箍棒"变化过程更快，应怎样修改参数？

❹. 思考与练习

如果使用"将大小增加"积木替换"将大小设为"积木，应该怎样修改代码？观察运行结果，"金箍棒"是如何变化的。

项目8　美妙音乐

　　吉他是一种弹拨乐器，种类很多，演奏技巧丰富，是世界著名乐器之一，在各种形式的音乐表演和演奏中都能见到它的身影。

　　本项目以吉他为角色，设计一段简单乐曲让"吉他""演奏"出来，进而让不同的乐器发出声音，"演奏"乐曲。本项目将学习新的积木"播放声音"，巩固"等待"积木。

任务 8.1　吉 他 演 奏

　　房间里摆放着很多乐器，每一种乐器都认为自己的声音是最好听的。主人不在的时候，它们决定比一比。吉他最先开始演奏，准备好了吗？

　　通过编程，单击"运行"按钮，吉他就可以播放《小星星》乐曲，单击吉他时，也会有同样的舞台效果。

❶．选择背景和角色

　　背景库中有各种各样的房间，想让吉他在哪里演奏，就选择什么背景。不论使用什么舞台背景都必须有一把吉他，因为吉他是本次演奏的主角。

　　按照之前学习的方法，选择背景和角色。如图 8-1 所示，在背景库中选择了 Room1 为舞台背景，在角色库中选择"吉他"为角色。

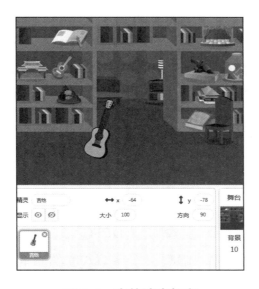

图 8-1　吉他演奏舞台

❷．演奏音阶

　　吉他能演奏，需要发出声音，音调有高有低，节奏有快有慢。经过恰当的组合，才能形成悦耳的音乐，否则就是噪声了，最简单的就是演奏音阶了。

（1）播放声音的指令。

单击声音模块，在列表中有播放声音的积木，如图 8-2 所示。当选择了吉他为角色时，积木中显示的就是吉他的音调 C。直接单击列表中的积木块，测试一下积木的功能，是不是吉他的声音？

单击积木上"吉他 C"位置的白色小三角，弹出下拉菜单，如图 8-3 所示。可以看到从吉他 C 到吉他 C2 共 8 个选项，在音乐中它们属于小字一组的音阶。

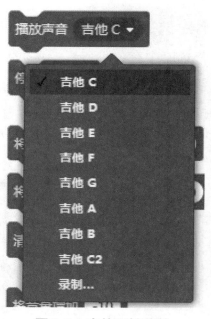

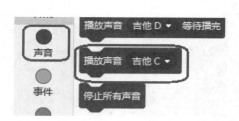

图 8-2 "播放声音"积木块　　　　图 8-3 吉他下拉菜单

【乐理小知识】 C 到 C2 之间的音全部是小字一组的音。在一个八度之内有 7 个基本音阶，从低到高分别是 CDEFGAB，它们的唱名用数字来表示就是 1234567，自己试着唱一唱吧。下一个八度的 C 是高音，称作 C2。

（2）弹奏音阶。

在演奏乐曲之前，先熟悉一下音阶。演奏时假设每个音阶的音长，即音阶之间的间隔时间是一样的，都是 1 秒。拖曳积木至代码区，按音阶顺序从低到高逐个排列，如图 8-4 所示。单击"运行"按钮，就能听到用吉他演奏的音阶了。

③. 演奏乐曲

按照音阶的演奏方法，修改曲谱就可以实现乐曲的演奏了。《小星星》是我们非常熟悉的乐曲，其中第一句的简谱是 11|55|66|5—。

（1）演奏《小星星》第一句。

重新编写一段代码或修改图 8-4 中的代码，使用 CCGGAAG 这段曲谱，由于每个音的音长是一样的，可以假定都是 1 秒，程序可参考图 8-5。

图 8-4　演奏音阶

图 8-5　演奏乐曲

单击"运行"按钮，运行程序。可以听到一段熟悉的音乐，听出来是哪首歌了吗？

挑战：用吉他的音色，完成整首《小星星》乐曲演奏。

（2）调试和修改。

　　节奏快的歌曲常常给人轻松欢快的感觉，节奏慢则显得安静和缓。改变乐曲中音符的音长就能改变节奏。修改播放中的等待时间，感受乐曲演奏时的变化，如图 8-6 所示。

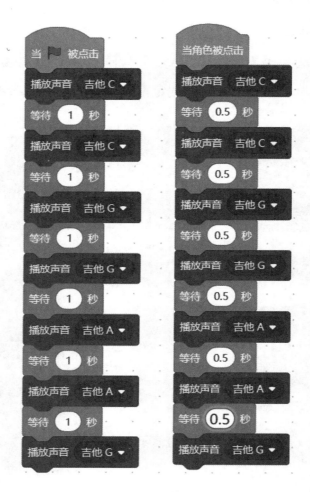

图 8-6　两组乐曲比较

　　单击"运行"按钮可以运行程序，听到一段乐曲，如果想要单击"吉他"这个角色时，也能听到这一段乐曲，要怎样修改程序呢?

　　（3）试试其他乐器。

　　音乐类角色中还有其他乐器，演奏起来声音各不相同。添加其他乐器角色，按照吉他的演奏方法，共同演奏《小星星》这段乐曲。

任务 8.2　扩展阅读：声音和音乐

① . 声音如何产生

声音是由物体振动产生的。固体、液体、气体振动都可以发声。自然界中凡是发声的物体都在振动，振动停止，声音也停止。声音的来源可以是固体，也可以是流体（液体）和气体。

从咿咿呀呀学说话开始，经过长期的模仿和练习，人们可以发出很多声音，甚至一个人可以模仿多人的声音、自然界中的声音。发出声音不再只是本能，而是一种艺术的表达方式了。那么，人类是怎样发出声音的呢？人体的发音器官可不仅是嘴巴，而是一套复杂的系统。

（1）动力——肺 、横膈膜、气管。

肺是呼吸气流的活动风扇,呼吸的气流是语音的动力。肺部呼出的气流，通过支气管器官到达喉部，作用于声带、咽腔、口腔 、鼻腔等发声器官。

（2）声源——声带。

声带位于喉部的中间，是两片富有弹性的带状薄膜。

（3）调音——口腔、鼻腔、咽腔。

口腔（包括唇、齿和舌头）后面是咽腔，咽头上通口腔、鼻腔，下接喉头。

发声时，两侧声带拉紧、声门裂变窄，甚至几乎关闭，从气管和肺冲出的气流不断冲击声带，引起振动而发声，在喉内肌肉协调作用的支配下，使声门裂受到规律性的控制。

喉部发出的声音为基音，受咽、口、鼻、鼻窦、气管和肺（共称为下共鸣腔）等器官的共鸣作用而增强或使之发生变化，成为听到的声音。

② . 音乐也是一种药

甲骨文的"药"与"乐"是同体字，没有区别，即 。

后来，人们开始加上采来的草本植物配合音乐治疗疾病。"药"的繁体字就是"藥"，依然保留"樂"字，就是音乐的"乐"。

听音乐自古就是一种治疗疾病的方法，中医的经典著作《黄帝内经》在两千多年前就提出了"五音疗疾"的理论，《左传》中更是强调音乐像药物一样，能治病，可以使人健康长寿。

古代的音乐只有五音：角、徵、宫、商、羽。《黄帝内经》记载："肝属木，在音为角，在志为怒；心属火，在音为徵，在志为喜；脾属土，在音为宫，在志为思；肺属金，在音为商，在志为忧；肾属水，在音为羽，在志为恐。"角、徵、宫、商、羽五音称为"天五行"。

今天，人们经常通过听音乐来排解压力。音乐真的能够治病或者具有辅助疗效吗？有没有一张音乐处方可以治疗所有的疾病呢？这其中是什么科学原理？

科学家认为，每一个细胞都会发出电磁波。全身有很多细胞或者器官，共同演奏出一曲曲非常和谐的交响乐。中医开药的时候，会特别强调药的特性，如果用音乐的维度翻译成科学的语言就是每一种药的"频率"是不一样的，这与西医化学成分标准完全不同。人们普遍认为只有心脏在跳动，其实人的五脏六腑、经络和细胞全部都在跳动或者运动。这些波段频率之间产生影响之后，人体接收到的综合波，或许才是真正的价值。总之，促使精神愉悦是一味良药，反之，恐惧焦虑则会加重病情。

当然，不同的音乐又对症于不同的病理和状况，音乐疗法因人而异。每一个器官甚至细胞，只要配合好了，身体就健康了。《黄帝内经》用了一个词——平衡，它把健康人叫作平人。用科学的语言来讲，就是人的波段和振动的频率配合恰到好处，可以使人心情愉悦、健康向前。特别是在心理与精神治疗方面，医生通常在开具必要的物理药物外，往往还会建议患者通过增加有氧运动、旅游、音乐、对话、推拿等方式来强化疗效。

 ## 任务 8.3　总结与评价

先分组进行总结，学生分别说出制作过程及体会，并写出书面总结。再互相检查制作结果，集体给每一位同学打分。

① . 任务完成大调查

完成项目后在表 1-1 所示打分表中打√。

② . 行为考核指标

行为考核指标，主要采用批评与自我批评、自育与互育相结合的方法。采用自我考核和小组考核后班级评定的方法。班级每周进行一次民主生活会，就行为指标进行评议，可用如表 1-2 所示评分表进行自我评价。

③ . 集体讨论

（1）如果音节之间没有等待时间，会出现什么情况？自己试一试。

（2）你在生活中喜欢哪些音乐？为什么？说说自己的想法和体会。

④ . 思考与练习

项目中编写了《小星星》乐曲中的一段，编写代码让吉他演奏出完整乐曲。

小 星 星

法 国 民 歌
孙世彦 制谱

1 = C $\frac{2}{4}$

1　1　|　5　5　|　6　6　|　5　-　|　4　4　|　3　3　|

2　2　|　1　-　|　5　5　|　4　4　|　3　3　|　2　-　|

5　5　|　4　4　|　3　3　|　2　-　|　1　1　|　5　5　|

6　6　|　5　-　|　4　4　|　3　3　|　2　2　|　1　-　‖

项目 9　神奇的收音机

　　收音机由机械器件、电子器件、磁铁等构造而成，用电能将电波信号进行转换，是用于收听广播电台发射的音频信号的一种机器。虽然用手机、计算机等电子产品也可以听广播节目和音乐，仍有一些人会使用传统的收音机。

　　收音机用一组按键控制音量，播放节目时，按下一个按键声音变大，按下另一个按键声音变小。学习如何将多个角色组合，新的积木有"移到最 **"积木、"将音量增加"积木、"将音量设为"积木等，巩固"移到 xy"积木、"当角色被点击"积木等。

任务 9.1 音量控制

舞台上的收音机正在播放节目，可是音量不能调节。为这台收音机设计两个按钮来控制音量。单击其中一个按钮，音量会减小；单击另一个按钮，音量会增大。

1. 选择背景和角色

本次任务的角色有收音机 1 台和按钮 2 个，按照以前学习的方法，进行舞台背景和角色的选择和设置。

在角色库选择"收音机"，在角色列表区将 x 坐标数值改为 0，y 坐标数值改为 0，大小修改为 200。

在角色库选择椭圆形按钮，放在舞台适当位置，在角色列表区将大小修改为 30。

背景图片没有要求，可以按照自己的想法选择，也可以不选择背景。完成后，参考图如图 9-1 所示。

图 9-1 选择收音机和音量按钮

2. 代码编写

单击"运行"按钮，音量控制按钮就会移动到收音机上，并放在指定位置。

单击左边的按钮，音量就会减小；单击右边的按钮，音量就会增大。

根据任务要求，"收音机"本身是不需要音量控制的，只有两个"按钮"需要编程控制。首先对按钮进行初始化，再进行音量大小变化的控制。

（1）音量按钮初始化代码。

音量按钮移动到"收音机"上特定的位置，它们被重叠放置。按钮不会被"收音机"覆盖，而是放在其前面，看起来仿佛遮挡住了"收音机"的一部分。收音机还会有一个原本的音量，在此基础上增减。所以，按钮位置的控制包括 3 部分：外观、位置坐标和初始音量。

① 外观："移到最 **"指令。

这是一块外观类积木，作用是将角色移到最前面或最后面。当两个角色需要重叠放置时，需要设置某个角色放在最前面还是最后面。此处按钮需要放在最前面，否则就会被"收音机"遮挡，无法操作了。

打开外观类指令列表，找到"移到最 **"积木，如图 9-2 所示。积木的可选项中有"前面"和"后面"两种。根据任务要求，应设置为"移到最前面"，使用"当▐被点击"为第一块积木，如图 9-3 所示。

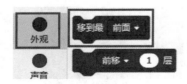

图 9-2 "移到最 **"指令

图 9-3 "按钮"设置在最前面

② 位置坐标："移到 xy"指令。

位置坐标指令在以前的项目中也使用过，不再详细讲述。在运动类积木列表中找到这块积木，分别拖曳到两个按钮的代码区，与图 9-3 中的代码连接起来。

修改坐标参数。"收音机"已经被放置在（0，0）了，不需要修改。"椭圆形按钮"角色需要放置在"收音机"的左侧（左键），所以坐标为（−50，0）。

使用复制程序的方法，直接拖曳左键控制程序至右键角色图标上方，释放即可完成复制。注意，复制后要根据实际情况修改相关参数，也可以进入角色直接编写控制程序，并修改参数。另一个按钮放在右侧（右键），坐标为（50，0），分别修改积木块中的坐标参数，如图 9-4 所示。

③ 初始音量："将音量设为"指令。

按钮的初始状态还需要设定初始音量，以便于观察到音量大小的变化。在 Mind+ 中，音量控制有两条指令，如图 9-5 所示。

(a) 左键初始位置

(b) 右键初始位置

图 9-4　音量按钮位置代码

图 9-5　音量控制指令

这里使用的是"将音量设为"指令，用于将当前声音播放的音量直接设为指定值。本指令有一个参数，用于指定设置值，默认是 100。

分别拖曳该指令至两个按钮的代码区。假设左侧按钮用于控制音量变小，从初始音量开始，设定参数为 100；右侧按钮控制音量变大，从静音开始，设定参数为 0，如图 9-6 所示。

完成图 9-6 中的代码编写，单击"运行"按钮，观察运行结果。可以发现，原本随意放置的按钮，神奇地来到了"收音机"上，如图 9-7 所示。

(a) 左侧按钮初始化

(b) 右侧按钮初始化

图 9-6　音量按钮初始化

图 9-7　按钮初始化运行结果

（2）音量变化控制。

初始化完成后，还需要进行音量变化的控制。按下按钮可以理解为单击角色，所以事件是"当角色被点击"，分别拖曳该指令至两个按钮的代码区。

① 音量变化："将音量增加"积木。

在图 9-5 中，"将音量增加"指令将当前声音播放的音量在原数值基础上增加指定值。

本指令有一个参数，用于指定增加值。默认声音的大小是 100；增加值是相对于原大小的百分数，如果这个数值是正数，那么音量增大；如果是负数，那么音量减小。

分别选择两个角色，将该指令拖曳到代码区。左键控制音量减小，增加值为负数，如 -10。右键控制音量增大，增加值为正数，如 10。

② 按钮的声音："播放声音……等待播完"指令。

为按钮增加播放声音功能，当按下按钮时，能够通过声音辨识音量变化。如图 9-8 所示，本指令的作用是等待当前角色播放完指定声音后，再继续执行程序。指令中有一个下拉列表参数，用于选择声音名称。

将此积木拖曳到代码区，两个按钮使用同样的方法。默认声音是"啵"，符合按钮被按下时的声音，无须修改声音文件。

③ 音量变化代码调试。

如图 9-9 所示，左侧是初始化代码，右侧是音量变化代码。

(a) 左键代码

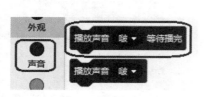

(b) 右键代码

图 9-8　播放声音指令　　图 9-9　声音按钮代码

先单击"运行"按钮，进行按钮初始化。再单击左键，发现每次单击声音逐渐变小；单击右键，发现每次单击声音逐渐变大。

 任务 9.2 扩展阅读：声音怎样传入耳朵

声音传播需要介质，所谓"介质"指空气、水、固体物质。例如，将一支"闹钟"置于密封状态，就难以听到或隐约听到一点声音，必须通过容器的传导，若将容器内的空气抽出，成真空状态，则完全不可能听到声音。这说明我们听到闹钟的声音是靠空气传导的，因此人耳感知声音通常是以空气为介质的。医生使用听诊器以及农民赶大群牛羊过铁路时将耳朵贴在铁轨上来辨别火车的距离，是借助固体物质的传导。

声音在真空环境下的传播速度是 0m/s，真空情况下是没有介质的，所以真空情况下不能进行传播。声音的传播在固体中最快，其次是液体，而气体中的声速最慢，如表 9-1~ 表 9-3 所示。

表 9-1 淡水中的声速

温度（℃）	声速（m/s）	温度（℃）	声速（m/s）
0	1403	50	1541
5	1427	60	1552
10	1447	70	1555
20	1481	80	1555
30	1507	90	1550
40	1526	100	1543

表 9-2 常见固体中的声速

介　质	声速（m/s）	介　质	声速（m/s）
铝	3100~6400	铁	5130
铍	12890	铅	1158
黄铜（铜锌合金）	3475	合成树脂	2680
砖头	4176	丁基橡胶	1830
混凝土	3200~3600	普通橡胶	40~150
纯铜	4600	银	3650
软木	366~518	钢	6100
钻石	12000	不锈钢	5790
普通玻璃	3962	钛	6070

续表

介　　质	声速（m/s）	介　　质	声速（m/s）
耐热玻璃	5640	水	1433
黄金	3240	木材（硬质）	3960
花岗岩	5950	普通木材	3300~3600
实木	3962	/	/

表 9-3　海水中的声速

温度（℃）	0	5	10	15	20	25	30
声速（m/s）	1449	1471	1490	1507	1522	1534	1546

任务 9.3　总结与评价

先分组进行总结，学生分别说出制作过程及体会，并写出书面总结。再互相检查制作结果，集体给每一位同学打分。

1．任务完成大调查

完成项目后在表 1-1 所示打分表中打√。

2．行为考核指标

行为考核指标，主要采用批评与自我批评、自育与互育相结合的方法。采用自我考核和小组考核后班级评定的方法。班级每周进行一次民主生活会，就行为指标进行评议，可用如表 1-2 所示评分表进行自我评价。

3．集体讨论

小明在运行程序时，发现当单击"运行"按钮时，声音控制按钮进行初始化设置，音量加大按钮出现在收音机上，音量减小按钮却"消失"了。你知道是怎么回事吗？可以修改哪块积木中的参数呢？

4．思考与练习

声音控制按钮可以放在收音机的任何位置，只要看起来美观，且操作方便就可以。除了本项目中讲述的位置，还可以把按钮放在收音机的什么位置？自己试一试。

项目 10　闪现的 UFO

　　UFO 全称是 Unidentified Flying Object，中文意思是不明飞行物、飞碟。它们可以在空中盘旋飞行，或瞬间移动，或在高速运动过程中突然停止。世界各地出现过多次 UFO 现象的报道，至于原因，人们更多地认为是来自地外高度文明。

　　本项目以"闪现的 UFO"为主题，学习控制角色显示与隐藏的方法。重点学习外观模块中的显示与隐藏功能，结合循环执行、等待、下一个造型等之前学习过的指令，完成本次项目任务。

任务 10.1 时 隐 时 现

静谧的太空，突然出现一个类似飞船的不明飞行物，时隐时现。通过编程模拟这一现象，单击按钮运行程序，就会在舞台上随机出现 UFO，时而显现，时而隐藏。

1. 选择背景和角色

打开编程软件，在舞台上呈现出太空中的 UFO 这一主题。选择合适的背景和角色，按照之前的方法，在背景库中选择"太空 3"为背景图片，在角色库中选择"小飞船"为角色。

拖曳角色至适当位置，完成结果如图 10-1 所示。

图 10-1 "闪现的 UFO"舞台设置

2. 显示和隐藏

显示和隐藏是物体的两种状态，通俗地说，就是可见和不可见。在图形化编程中也有相应的两块积木,如图 10-2 所示。

(1)UFO 的初始状态。

设定 UFO 的初始状态是显示在舞台中央位置,使用"显示"积木"移到 *xy*"积木实现。"显示"积木属于外观类积木,与之对应的就是"隐藏"积木,如图 10-2 所示。"移到 *xy*"积木用于将角色移动到指定位置,在之前的项目中使用过多次。

将上述两块积木分别拖曳至代码区,使用"当▮被点击"作为触发事件,如图 10-3 所示。

图 10-2　"显示和隐藏"积木

图 10-3　UFO 初始状态

(2)时隐时现。

时隐时现可以理解为显示和隐藏交替进行,有间隔时间,即显示并等待,隐藏并等待,如此一直持续。

在初始状态代码下方,继续编写代码。使用循环执行积木,将显示和隐藏嵌入其中,如图 10-4 所示。

完成后,单击"运行"按钮或单击整个代码块,运行程序,观察运行结果。可以发现 UFO 在舞台上时隐时现。

(3)随处移动的 UFO。

图 10-4 中的代码虽然可以实现时隐时现的效果,却一直在舞台中央,不会移动。如何让 UFO 可以随处移动呢?增加"移到随机位置"积木试一试。这也是使用过很多次的积木,在运动类积木列表中。将此积木拖曳到代码中,如图 10-5 所示。

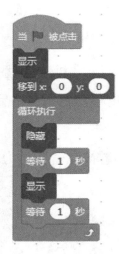

图 10-4　时隐时现

图 10-5　增加"移到随机位置"

任务 10.2　扩展阅读：UFO 的相关知识

　　UFO，这个在科幻小说和电影中常常出现的外星人载体（见图 10-6），在现实世界却是一个未解之谜，虽然很多人曾经在天空中见到过这类不明飞行物，但是始终没有得到它究竟是什么的答案。

图 10-6　科幻电影中的"不明飞行物"

　　尽管在日本、中国和英国都出现了难以用科学理论解释的疑似 UFO 状物体，美国仍然在 UFO 目击事件排行榜中位居榜首。关于美国提供的 UFO 报告，因为没有任何有关不明飞行物问题的答案，引发了诸多猜测，不过总结下来无外乎如下 3 点。

（1）UFO 是外星人驾驶的飞船。有人认为不明飞行物和外星人之间肯定存在着某种关系，但是在地球以外，到底是否存在其他生命没有人知道。人类探索外星文明已经有很长时间，然而一直没有找出任何答案。

（2）UFO 是由人类制造而成。不过这种猜测的可信度并不高，因为按照现阶段的科技水平，人类还无法制造出如此结构以及性能的飞行物，除了技术问题，即便是图纸也很难绘制出来。

（3）UFO 是自然现象。这一猜测目前最具说服力。根据历史资料，很多不明飞行物的现身从本质上来说都是自然现象，如球形闪电与日光云，其中还包括一些民航客机。

但是也不能一概而论，除了自然现象之外，还是有许多无法用科学解释的不明飞行物现象，如果并非人类制造，那么只能是来自外星的文明。

或许有人会对此感到疑惑，21 世纪科技水平已经这么高，为什么还是无法制造这些"不明飞行物"？

事实上，所谓的"不明飞行物"绝对不容小觑，它本身带有强悍的技术，按照当前科学技术是做不到的，因为人类还无法实现在没有经过音爆的情况下攻克音障问题，即便在飞行器中增添消声器，依旧不能彻底消除由于高速飞行带来的巨大声响。

不明飞行物在行进的过程中使用的燃料并非人类常用的燃料，这一点通过它们快速推进的行径就可以看出来，整个过程也没有留下燃料燃烧的痕迹，而人类制造的飞行器在飞行期间不可能没有任何痕迹。

因此，不明飞行物是特殊气象产生的误解或是外星技术成果的可能性更高，不过无论是哪一种猜测，目前都无法对该现象进行完全解释，要想统一不同立场所持有的观点，就需要找出实质性证据。

可问题是按照当前科学技术，足以做到清晰拍摄，然而很多人都曾尝试用不同的设备拍摄不明飞行物，但是得到的照片画面都不够清晰。因此有人提出不明飞行物或许只是一个虚拟事件，在现实中并不存在，只是人们的想象力作祟。

任务 10.3　总结与评价

先分组进行总结，学生分别说出制作过程及体会，并写出书面总结。再互相检查制作结果，集体给每一位同学打分。

①. 任务完成大调查

完成项目后在表 1-1 所示的打分表中打√。

②. 行为考核指标

行为考核指标，主要采用批评与自我批评、自育与互育相结合的方法。采用自我考核和小组考核后班级评定的方法。班级每周进行一次民主生活会，就行为指标进行评议，可在如表 1-2 所示评分表中进行自我评价。

③. 集体讨论

打开"造型"界面，发现"小飞船"角色有 3 个造型，使用什么积木可以让 UFO 时隐时现，还能有造型上的变化？

④. 思考与练习

（1）想要让 UFO 看起来飞行更快，甚至瞬间移动，如何修改参数？提示：修改等待时间，观察运行结果。

（2）使用其他角色，编写程序，实现和"小飞船"角色一样的效果。

项目 11　克　　隆

　　克隆，就是利用生物技术由无性生殖产生与原个体有完全相同基因组织后代的过程。克隆是英文 clone 或 cloning 的音译，中文可以翻译为"无性繁殖""复制"。

　　这种复制的特点是和原来的一模一样，本项目引用这个特点，设计一个夏日的夜晚，繁星满天的作品，从而学习控制类中有关"克隆"的积木，巩固之前学习过的指令，实现角色的复制。

任务 11.1 点 亮 夜 空

"我爱月夜，但我也爱星天。从前在家乡七八月的夜晚在庭院里纳凉的时候，我最爱看天上密密麻麻的繁星。""星光在我们的肉眼里虽然微小，然而它使我们觉得光明无处不在。""深蓝色的天空里，悬着无数半明半昧的星。"这是巴金先生对繁星的观察和感受。

夜空中接二连三地出现一些星星，这些星星渐渐把黑暗的天空照亮。夜空中没有一模一样的星星，编程却可以实现。单击"运行"按钮执行程序，星星就会逐渐铺满夜空。

1. 选择背景和角色

根据主题，本项目的背景是夜空，角色是星星。按照之前的方法，分别选择背景图库中的"群星"为舞台背景，角色库中的"星星"为角色，并将角色大小修改为 50，如图 11-1 所示。

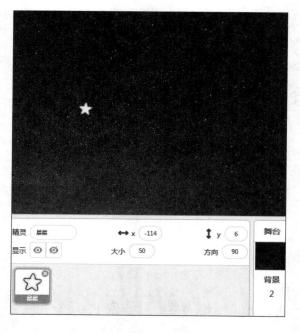

图 11-1 繁星满天的背景和角色

2. 编写代码

开始，天空中没有星星，所以先要把角色隐藏起来。随后，当启动自我复制命令时，按照程序的设置将星星显示在"夜空"中。

（1）角色的初始化。

当单击"运行"按钮时，星星被隐藏。首先将"当■被点击"积木拖曳到代码区，然后将"隐藏"积木拖曳到代码区，如图 11-2 所示。完成后单击"运行"按钮，舞台上的角色"星星"被隐藏了，看不见了。

与克隆相关的指令属于控制类，如图 11-3 所示。克隆类指令包括 3 个，分别是"当作为克隆体启动时""克隆自己""删除此克隆体"。

图 11-2　隐藏角色

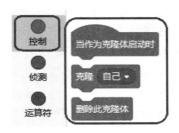

图 11-3　克隆指令

（2）设置克隆体。

克隆通常放在一个循环体中进行，称为克隆体。克隆体的启动是一个事件，使用"当作为克隆体启动时"执行之后的程序可呈现克隆的结果。

① 克隆的循环体。

如果需要克隆有限的数量，可以选择"重复执行 ** 次"，不限次数的循环可以使用"循环执行"。繁星满天数也数不清，使用"循环执行"更合适。

在控制类找到"循环执行"积木，拖曳到代码区。找到"克隆自己"积木，拖曳并嵌入循环体。

还需要指定克隆的角色放置的位置，否则它们将在原位，被原有角色覆盖，完全看不出效果。使用"移到 **"积木，将克隆的角色移动到其他位置，如随机位置。

综上，如图 11-4 所示，就完成了本任务中克隆体的编写。

② 启动克隆。

找到"当作为克隆体启动时"积木，拖曳至代码区，作为启动克隆体的事件。想要看克隆体运行的结果，使用显示指令就可以。找到"显示"指令，拖曳至代码区，放在启动事件下方，如图 11-5 所示。

图 11-4　克隆体代码

图 11-5　完整代码

③ 调试。

单击"运行"按钮，执行程序，观察运行结果。可以看到"星星"很快铺满"夜空"。

铺满"夜空"可按如下方法调试程序。

a. 放慢星星出现的速度。星星出现的速度有点快，想要放慢速度，怎样修改代码。自己试一试。

b. 让星星跟随鼠标。让星星更听话，跟随鼠标指针移动。鼠标在舞台上移动到哪里，星星就出现在哪里，是不是很神奇呢？怎样修改代码，自己试一试。

c. 程序的简化。本任务中，角色的初始状态是将其隐藏起来，克隆启动时再显示。如果初始状态不需要隐藏，角色一直在舞台上，修改代码，让程序看起来更简洁，也能实现类似的效果。自己试一试。

d. 如果只需要克隆 10 次，怎样实现？

任务 11.2　扩展阅读：克隆的相关知识

本项目重点学习克隆相关指令，通过编程实现"繁星满天"。"克隆"这个词语，来自英文 clone 的音译。生活中，使用更多的是其"复制"的含义。

1. 克隆是什么

1997 年，英国宣布正式研究出了克隆技术，并成功创造了第一只克隆羊"多莉"。从此人们开始探讨克隆技术的运用，很多科幻作品中还出现了"克隆人"的概念。

究竟什么是克隆呢？克隆就是一种无性繁殖技术，是用一种生物的体细胞产生全新的生命，而这个新生命将完全继承细胞核提供者的一切基因，某种程度上来说是一种"复制"的行为。

2. 克隆羊多莉的诞生

克隆羊多莉是一只多塞特白面绵羊，特征是拥有白色的面部。它的一生中拥有 3 位母亲，而从一开始到最终出生都没有雄性绵羊的参与。

科学家首先将一只多塞特白面绵羊 A 的乳腺细胞细胞核提取出来。然后再将一只苏格兰黑面绵羊 B 的卵细胞提取出来，将细胞核取出。关键在于下一步，科学家将绵羊 A 的体细胞核植入绵羊 B 的去核卵细胞中，形成了一个存活的新细胞。然后，科学家再用电脉冲的方法促使这个卵细胞像受精卵那样分裂，最后就形成了多莉的胚胎。多莉的诞生过程如图 11-6 所示。

多莉的胚胎被植入了苏格兰黑面绵羊 C 的子宫里发育，经过正常的怀胎时间后，绵羊 C 生下了多莉，这就是世界上第一只克隆哺乳动物的诞生过程。令人惊奇的是，多莉是一只不折不扣的多塞特白面绵羊，和生下它的母亲长得完全不一样。

科学家在对多莉进行了基因的验证之后，发现多莉的遗传物质居然和绵羊 A 完全一致！也就是说，多莉甚至不能够被称为绵羊 A 的孩子，它完全就是一只缩小版的绵羊 A，两者之间没有区别。

3. 多莉的一生

多莉完全遗传了绵羊 A 的遗传物质，这其中包括了端粒的长度。绵羊 A 在提供体细胞的时候已经 6 岁了，那么细胞中的遗传物质也是 6 岁绵羊的水平。

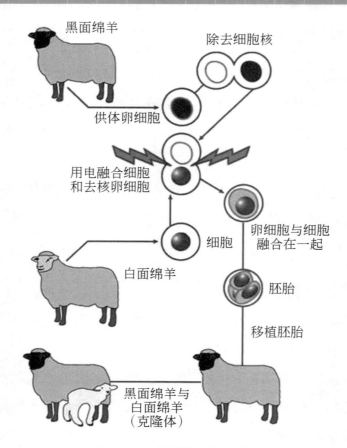

图 11-6　多莉的诞生过程

也就是说，多莉虽然只是一只小羊羔，但是从本质上来说，它已经 6 岁了！

出生就是 6 岁的身体状况，因此，多莉的身体不如那些真正刚出生的年轻绵羊。甚至随着多莉年龄的增长，身体越来越多地出现了那些老年绵羊身上才有的疾病，如关节炎等，这让多莉的生活非常痛苦。

多莉在 7 岁的时候就疾病缠身，毕竟如果按照遗传物质来计算，多莉已经 13 岁，步入了一只绵羊的晚年。在无奈之下，研究人员只好给多莉实行了安乐死，结束了世界上第一只克隆哺乳动物的一生。

④. 克隆人

人类是一种社会生物，我们之所以能够成为我们"自己"，不光是父母赋予我们的遗传物质，还有我们生活中的经历、遇到的人、生活的环境，这些都能够改变一个人，塑造一个人。如果这时候世界上出现了一个在身体上和你一模一样的人，但是这个人却没有任何你生活的记忆，那么他还算是你自己吗？如果不算是你自己，你认识的人又该怎么去面对这个克隆体？

⑤. 克隆技术的未来

一些科学家正在给克隆技术寻找新的归宿，让它朝着更加利于人类的方向发展。例如，将克隆技术进行改造，只复制人体的一部分。

人类目前受到很多疾病的困扰，有的疾病需要更换全新的器官才能够治愈。如果能够用体细胞克隆人的一部分器官，然后将这些健康未病变的器官移植到病患身上，岂不是完美地解决了供源和配型的困难吗？

科学技术应该造福人类，让我们的社会生产力得到发展。社会在发展的时候不能够太过"激进"，甚至违反社会规则和基本道德观念。这是维持人类社会发展的根基之一，如果这一原则受到了破坏，让人类社会陷入混乱之中，那么技术的发展甚至会加速人类的灭亡。

任务 11.3　总结与评价

先分组进行总结，学生分别说出制作过程及体会，并写出书面总结。再互相检查制作结果，集体给每一位同学打分。

①. 任务完成大调查

完成项目后在表 1-1 所示打分表中打√。

②. 行为考核指标

行为考核指标，主要采用批评与自我批评、自育与互育相结合的方法。采用自我考核和小组考核后班级评定的方法。班级每周进行一次民主生活会，就行为指标进行评议，可用如表 1-2 所示评分表进行自我评价。

③. 集体讨论

项目中学习的是一个角色的克隆，如何编程实现对两个角色分别进行克隆？

④. 思考与练习

塞罕坝位于河北省承德市围场满族蒙古族自治县境内，曾因水草丰美、禽兽繁集成为皇家的狩猎场。随着清朝中后期、清政府势力衰微，塞罕坝的生态未得到有效的保护；而且还有日本侵略者的肆意掠夺破坏。因此，到了20世纪50年代，塞罕坝的原始森林荡然无存，成了人烟稀少、沙尘漫天的不毛之地。

为了改变"风沙紧逼北京城"的严峻形势，1962年，塞罕坝的治理正式开始。60多年来，几代护林员在这里忍受着寒冷与寂寞，以青春、汗水甚至血肉之躯，在这里建成了140万亩世界上面积最大的人工林，硬是把莽莽荒漠变成了郁郁葱葱的林海，创造了沙漠变绿洲的生态治理奇迹，是当之无愧的"封神"级别。

设置沙漠背景，使用克隆相关指令实现在沙漠变绿洲的舞台效果，运行结果参照图11-7。

图 11-7　沙漠变绿洲

项目 12　神奇画笔 1

　　同学们喜欢创作绘画作品，有的画山，有的画水，有的画圆，还有的画小动物。用笔可以在纸上绘画，在图形化软件中也可以画画吗？

　　Mind+ 中有一支神奇的画笔，可以用程序控制画笔画出各种图形。本项目学习如何使用画笔，添加画笔功能模块，编写程序，画出基本几何形状。

任务 12.1　画一条直线

在纸上画一条直线的时候，用手拿起笔和直尺，按照自己的想法就可以直接画了。而程序中的笔是自动作画的，不可直接触摸，需要把自己的想法转变为程序，用程序控制画笔。

1. 选择背景和角色

根据前面章节学习的步骤，进行舞台背景和角色的设置。若舞台背景不进行设置，空白的舞台就好比一张白纸。

（1）选择画笔角色。

进入角色库，搜索"笔"，即可看到一支"铅笔"，选择其作为本项目的角色，如图 12-1 所示。默认方向为 90，即 x 轴正向。

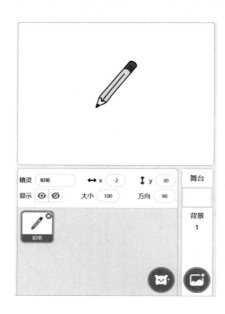

图 12-1　选择画笔

（2）设置画笔中心点。

如果不设置中心点，直线可能不会从笔尖开始画出，而是在画面任意地方，非常不真实。美丽的画出自笔尖，所以需要将笔尖放置在中心点。

选择"画笔"角色，然后再单击"造型"标签页，如图 12-2 所示。可以看到造型区正中间有一支笔。在造型区左侧的工具栏中单击"选择"图标，用鼠标左键按住"选择"图标，将整支笔选中，移动并将笔尖落在中心点位置，如图 12-3 所示。

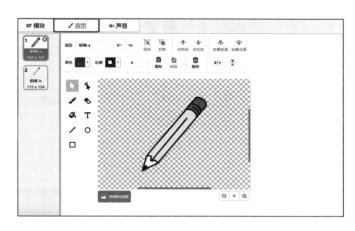

图 12-2　进入"造型"界面

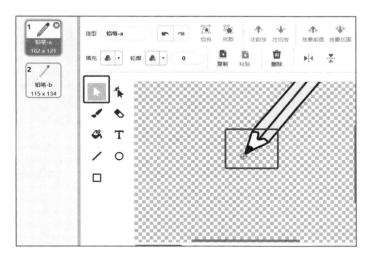

图 12-3　设置笔尖至中心点

② . 添加画笔功能模块

使用画笔功能需要添加功能模块，才能使用画笔指令。单击模块列表栏最下方的"扩展"图标，进入扩展模块选择界面，选择"功能模块"→"画笔"选项，如图 12-4 所示。

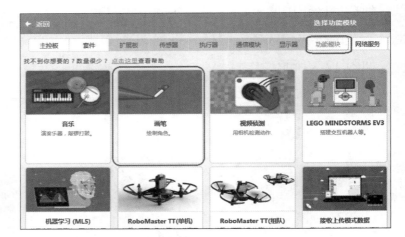

(a) 扩展图标   (b) 选择功能模块

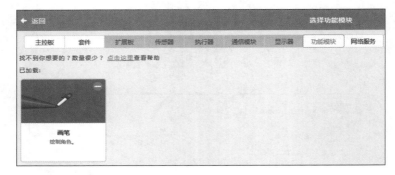

(c) 加载画笔

图 12-4 增加画笔功能模块

单击"返回"按钮，退出选择界面。在模块列表中选择"功能模块"，就能看到画笔指令了，如图 12-5 所示。

3. 画直线

画笔已就绪，回忆自己用笔在纸上画直线的过程，或者现在就画一画，会发现简单的画直线动作实际上有以下几个步骤。

（1）提笔，就是拿起画笔。

（2）笔尖在哪里落下，也就是要从哪里开始画。

（3）朝哪个方向画，向右、向下，还是向左上方？

（4）画到哪里结束，也就是画多长的直线。

因此，可以设定任务：当单击"运行"按钮时，画笔从舞台的中心点开始，向右沿 x 轴正方向画直线，长度为 100。

（1）抬笔和落笔。

画直线首先提笔，就是指令中的"抬笔"。在之前的项目中，学习过将角色移到固定坐标的方法，也就是使用移到坐标指令。舞台的中心点坐标是（0，0）。在运动类积木找到"移到 xy"指令，拖曳至代码区。

移到中心点（起始位置），随后再"落笔"。

进入功能模块，在画笔指令列表中，分别拖曳"抬笔""移到 xy""落笔"至代码区，如图 12-6 所示。

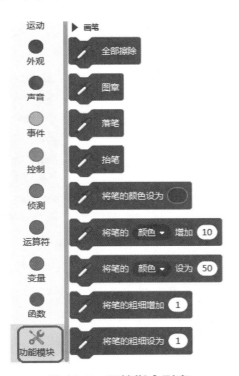

图 12-5　画笔指令列表

图 12-6　画笔准备

（2）笔的运动。

落笔之后朝哪个方向运动，如图 12.7 所示，默认方向是 90°（ x 轴正向），接下来这支画笔就可以运动起来了。

画一条直线，使用"移动"指令，并在落笔和移动之间稍作等待，更符合逻辑。拖曳"等待"积木和"移动"积木至代码区。如图 12-7 所示，移动步数设为 100。

单击"运行"按钮，观察运行结果，可以看到画笔沿 x 轴正方向画了一条长度为 100 的直线，如图 12-7 所示。

④. 调试和保存

多次运行画直线代码，发现上一次画的直线一直在显示，笔尖在同样位置画直线时，看不出新的直线。此时需要清除上次画线的痕迹。在落笔前增加"全部擦除"积木，如图 12-8 所示。

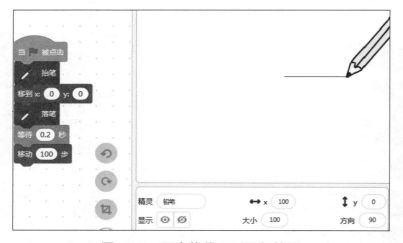

图 12-7　画直线代码及运行结果　　　　图 12-8　擦除历史痕迹

单击"运行"按钮，观察运行结果。可以发现，画笔每次都在相同位置画出一条直线。

修改参数，观察运行结果。本任务中，有 3 块积木中的参数可以修改，即坐标位置参数、等待时间参数和修改方向参数。这些参数可以被修改，可以通过直接修改数值的方法，改变参数的大小。

（1）坐标位置参数。

修改"移到 xy"积木块中的 x、y 坐标，如（30，−100），观察运行结果。可以看到，画笔的笔尖首先定位到该坐标，再开始画直线。

（2）等待时间参数。

修改等待时间参数，如 0.5、1，观察运行结果。可以看到，数字越大，画笔在起始位置等待的时间就越长。

（3）修改方向参数。

在舞台和角色列表区域中间部分，有角色大小和方向等参数。修改方向参数，如 0、−50，观察运行结果。可以看到，画出的直线改变了方向。还可以同时修改多个参数，在舞台上的不同位置画出各种各样的直线。

完成调试和修改，按之前的方法，保存本次任务。

任务 12.2　绘制正多边形

正多边形是指二维平面内各边相等，各角也相等的多边形，如正方形、正三角形、正五边形等。首先学习画一个正方形，再扩展至其他多边形。

绘制正方形

正方形是一种特殊的长方形，它的四条边相等，四个角都是直角。在二维平面内，它是由四条线段首尾相连组成的封闭图形。

（1）准备。

画正方形的准备工作，包括选择画笔角色和添加画笔功能。进入编程软件，按照任务 12.1 中的方法选择并设置画笔角色，添加画笔功能模块。

（2）编写代码。

画正方形的编程，也包括两部分，分别是画笔的初始化和运动过程。

① 画笔的初始化。画图形之前，都需要考虑抬笔和落笔的问题，这是画笔的初始化，步骤与画直线相同。参照画直线的相关内容，拖曳这些积木至代码区，如图 12-9 所示。

② 画笔的运动。拿出一支笔，在纸上画一个正方形，想一想手是怎样控制笔的运动的。先画一条直线，接着笔尖向左转 90°，又画出一条直线，又向左转 90°。重复这样的动作画直线，即左转 3 次就可以画出一个正方形了。

用程序来实现类似的重复动作，使用"重复执行4次"指令，"移动"指令和"左转"指令在之前的项目中都有介绍和使用。拖曳积木，编写代码如图12-10所示。增加等待时间，可以降低绘制速度，让过程看起来更清楚。

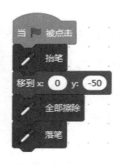

图12-9 正方形的初始化

图12-10 正方形画笔的运动

单击图12-10的积木块，观察运行结果。可以看到，画笔画出了一个正方形。将这一段代码拖曳至初始化代码下方，连接起来，就完成了绘制正方形的完整代码。

单击"运行"按钮，观察运行结果。可以发现，每次运行程序时画笔都能画出相同的正方形。使用"右转"指令同样可以画出正方形，自己试一试。

2. 绘制其他正多边形

学会了绘制正方形的方法，就可以画出其他正多边形，如正三角形（三条边）、正五边形、正六边形等。

循环次数是边的数量，画笔旋转角度对应的是多边形的外角角度。正多边形的外角和都是360°，可以算出每个外角，表12-1是常见正多边形的边和外角。

表12-1 常见正多边形的边和外角

图 形 名 称	边的数量（循环次数）	外角（旋转角度）
正三角形	3	360°/3=120°
正方形	4	360°/4=90°
正五边形	5	360°/5=72°
正六边形	6	360°/6=60°

（1）绘制正三角形。

按照正方形的画法，并参照表 12-1 中的数据，编写绘制正三角形的代码，参考图 12-11。对代码稍作修改，就可以画出两个正三角形组成的图案，参考图 12-12。

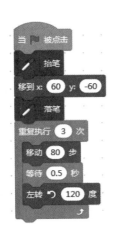

图 12-11　绘制正
三角形

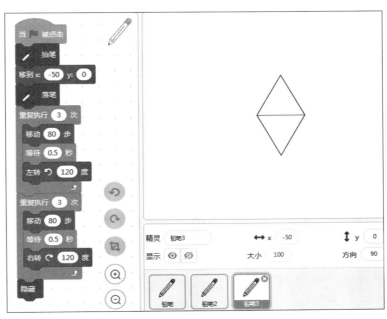

图 12-12　绘制更多正三角形

添加隐藏积木，可以将画笔隐藏起来，绘制图形时看不到画笔，却能看到图形被画出来了，非常神奇！开动脑筋，还可以画出更多由正三角形组成的图案。

（2）绘制其他正多边形。

其他正多边形的绘制按照绘制正方形的方法，参照图 12-12 所示代码以及表 12-1 的数据编写程序，此处不再赘述。

任务 12.3　扩展阅读：几何图形折纸

一张 A4 纸可以看作一个长方形，通过折纸可以制作出各种形状和大小的三角形，还可以制作出立体的图形。

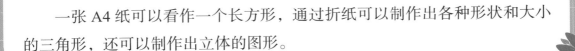

1. 沿对角线折叠

将一张 A4 纸沿对角线折叠，可以得到什么图形呢，自己试一试。如图 12-13 所示，折叠以后可以发现，这种折法可以得到两个一样的直角三角形。

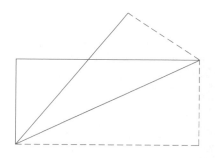

图 12-13　沿对角线折叠

2. 折正方形

使用一张 A4 纸（长方形）折叠出一个正方形，应该怎样折？试一试下面的折法，如图 12-14 所示。剩下的部分是一个小长方形，还可以折出什么形状？

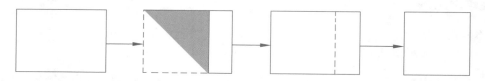

图 12-14　折正方形

将一个长方形折成一个正方形的方法不止一种，与同学或家长一起讨论，动手折一折就会有新发现。

3. 折等腰三角形

一个长方形怎样折出等腰三角形？能折出几个等腰三角形？例如，可以先折出正方形，再沿正方形对角线折叠，可以得到两个一样的等腰直角三角形。

直接使用长方形可以折出等腰三角形吗？可以借助直尺和铅笔，画一画，再折出来。

折出来的正方形还可以折出长方形吗？一个正方形通过折叠可以得到几

个等腰直角三角形？使用一张 A4 纸还能折出什么形状，自己动手试一试。

任务 12.4　总结与评价

先分组进行总结，分别说出制作过程及体会，写出书面总结。再互相检查制作结果，集体给每一位同学打分。

① . 任务完成大调查

完成项目后，在表 1-1 所示打分表中打√。

② . 行为

行为考、自育与互育相结合的方法。采用自我考核，班级每周进行一次民主生活会，就行为指标，分表进行自我评价。

③ .

修改，数等参数可以画出由不同的正方形组成的图，执行结果参照图 12-15。

(b) 田字格

15　不同的正方形

"积木，能否画出图形？自主编程实现。

初或其他物体，可以画出图形吗？会有什么样的

项目 13　神奇画笔 2

　　项目 12 学习了如何绘制正方形、三角形这些简单的图形，还尝试了绘制同一种图形的组合。在此基础上，本项目学习画较复杂的图形，如房子、五角星。

任务 13.1 绘 制 房 子

生活中的房子非常复杂，包含的结构部件很多。而房子的简笔画就简单很多了，画出主要部件，如房顶、主体和窗户即可。从侧面看，房子的屋顶近似一个三角形，主体是个大正方形，窗户则是个小正方形，如图13-1所示。

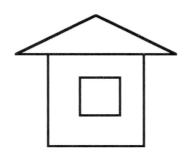

图 13-1 房子简笔画

1. 准备

编写绘制房子的代码之前，需要完成一些准备工作。这些工作包括选择角色、设置画笔中心点、添加功能模块（画笔指令）。按照项目12介绍的方法，完成这些准备工作。

2. 编写代码

画房子的简笔画看起来有些复杂，不能着急，应该仔细地想一想。需要选择画笔的颜色和线条，可以按照先画房顶，再画主体，最后画上窗户的顺序画。

完整的程序可以分为4部分，每部分用一段代码来完成，再连接起来，即画笔的初始化、画房顶的代码（三角形）、画主体的代码（大正方形）和画窗户的代码（小正方形）。一个大任务被分解成4个小任务了，逐个完成就容易多了。

（1）广播和接收积木。

将 4 个小任务连接起来，组成完整的代码，不是简单地按顺序摆放，而是使用广播积木。可以把这类功能看成下达某个命令，例如，在初始化代码中设置下达"画房顶"这个命令，在画房顶的代码中接收到这个命令就开始画。

因此，广播功能是一对积木配合使用的，有广播积木就有接收广播的积木，如图 13-2 所示。

① 广播积木。广播积木有两块，作用上略有不同，在以后的学习中结合具体的例子再做区分。本次任务使用"广播并等待"这条指令。

按照任务要求，首先添加新消息。单击积木上的小三角，在弹出的选项卡中选择"新消息"命令后弹出"新消息"对话框，输入新消息的名称"画房顶"后，单击"确定"按钮，如图 13-3 所示。这样就完成了一条新消息的添加。

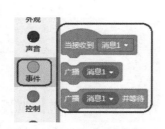

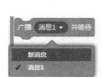

(a) 消息选项卡   (b) 新消息名称

图 13-2 广播和接收指令   **图 13-3 增加广播消息**

按照以上步骤，增加"画主体"和"画窗户"两条消息，完成后的消息选项卡如图 13-4 所示。

图 13-4 完成增加消息

② 接收积木。"当接收到 **"积木一般放在代码块的最上面，用于接收

广播消息，触发执行接下来的程序。单击积木中的小三角，在弹出的选项卡中可以看到全部的广播内容。

（2）画笔的初始化。

画笔的初始化在程序运行时首先被执行，包括清除历史痕迹、设定画笔颜色、设定画笔粗细以及发布广播。

设定画笔颜色使用"将笔的颜色设为"指令，设定画笔粗细使用"将笔的粗细设为"指令。在画笔指令列表中找到这两条指令，如图 13-5 所示。

单击颜色指令中的椭圆形框，弹出颜色调整弹窗，将笔的颜色调整为"红色"，如图 13-6 所示。单击粗细指令中的椭圆形数字框，将笔的粗细设为 3。

分别拖曳初始化所需积木至代码区，如图 13-7 所示。

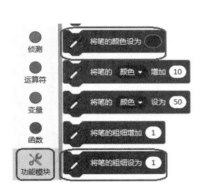

图 13-5　颜色和粗细指令

图 13-6　颜色调整

图 13-7　画笔的初始化

（3）画房顶。

首先放置一块用于接收广播的积木，使用"当接收到 **"指令，修改内容为"画房顶"。

接着确定各坐标点，连点成线画出图形。将要绘制的屋顶是一个等腰三角形，确定它 3 个顶点的坐标分别为（0，100）、（100，50）和（−100，50），如图 13-8 所示。图中 3 个点（A、B、C）为三角形的三个顶点位置。

绘制顺序是，落笔之前画笔移动到 A 点坐标，落笔后，从 A 点开始，移动至 B 点，再移动至 C 点，最后移动到 A 点结束，抬起画笔。

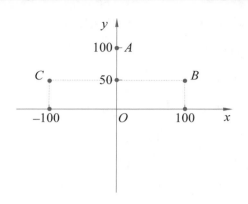

图 13-8　画房顶的坐标点

按上面的顺序，自己动手在坐标上连点成线，再依次拖曳积木至代码区，并修改坐标值，如图 13-9 所示。

单击"运行"按钮，程序开始执行，可以看到"屋顶"很快就画好了，如图 13-10 所示。如果发现位置或大小不合适，可以修改坐标参数进行调整。

图 13-9　画房顶代码

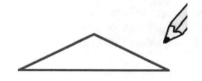

图 13-10　三角形房顶

（4）画主体。

首先放置一块用于接收广播的积木，使用"当接收到 **"指令，修改内容为"画主体"。

画正方形只需要确定起点和边长，使用循环执行就可以完成绘制。对照"屋顶"的坐标，确定画主体的起点为（−60，50），边长为 120 较为合适。也可使用不同的参数，画出不同外观的主体。

按照之前学习过的画正方形的方法，拖曳相关积木至代码区，如图 13-11 所示。

单击"画主体"代码块，测试程序，可以看到"主体"也很快就画好了，如图 13-12 所示。如果发现位置或大小不合适，可以修改坐标参数进行调整。

图 13-11　画主体代码

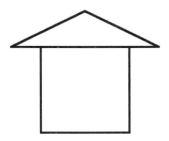

图 13-12　正方形主体

（5）画窗户。

"窗户"也是一个正方形，只是边长比主体小很多。起点的坐标可以自由确定，画出的"窗户"与主体协调就可以。例如，可以将起点坐标定为（–20，20）。

按照之前学习过的画正方形的方法，拖曳相关积木至代码区，如图 13-13 所示。

单击"画窗户"代码块，测试程序，可以看到"窗户"同样很快就画好了，如图 13-14 所示。如果发现位置或大小不合适，可以修改坐标参数进行调整。

图 13-13　画窗户代码

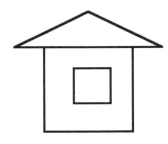

图 13-14　正方形窗户

这样就完成了绘制房子的所有程序，可以看到，这个程序由 4 部分的代码组成，分别完成不同的功能。

③. 整体调试

单击"运行"按钮，执行完整代码。可以发现，画笔非常快速地再一次画出了房子的简笔画。可是，画笔的速度太快了，很难看清绘制过程。

（1）增加等待时间。

在程序中增加等待指令，可以让画笔速度减慢。按照之前学习的方法，为画房子的程序增加等待时间。此处不再赘述。

完成后，运行程序，观察运行结果。可以看到，画笔速度慢下来了，可以看到每条线段的绘制过程了。

（2）创意小房子。

学会了画房子的方法，试一试画一个自己的小房子，不一样的小房子。例如，可以改变颜色，改变大小，甚至改变形状。

向好朋友介绍自己画的房子，分享自己的好办法吧！

任务 13.2 画 五 角 星

生活中经常可以看到五角星图案，它可以是红色的五角星花瓣，也可以是蓝色的、闪闪发光的五角星挂件，或者是黄色的五角星徽章等。只要留心观察，就能发现很多类似五角星形状的东西。

五角星有 5 个尖尖的角，还有 10 条边。每个五角星的角度是不一样的。图 13-15 所示是一个正五角星的简笔画。可以仔细想一想在纸上是怎样画出这样的正五角星的。

①. 准备

在编写代码之前，需要完成一些准备工作。这些工作包括选择角色、设置画笔中心点、添加功能模块（画笔指令）。按照项目 12 介绍的方法，完成这些准备工作，本次任务不再详细叙述。

2.编写代码

编写程序之前，需要分析一下要绘制的图形，包括边和角的情况。正五角星有 5 个尖尖的角，每个角尖是 36°，还有 5 个凹进去的角，都是 108°，10 条边等长。

这么多的边和角组成的封闭图形，从哪里开始画，编写的程序肯定是不同的。所以，有必要先确定起点位置，可以从图 13-16 中圆点位置开始画起。

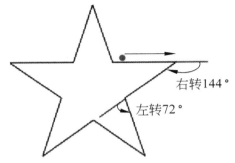

图 13-15　五角星简笔画　　　　　　图 13-16　正五角星的画法

只需要先画 1 个尖角，重复这样的过程 5 次，就可以画出完整的五角星图形了。

首先是画笔的初始化，包括抬笔，笔尖移到圆点位置，擦除全部，落笔。然后是绘制过程：① 向右画一条边长为 80 的边；② 右转 144°；③ 再画一条边长为 80 的边；④左转 72°。

按照这样的思路，首先编写画一个尖角的程序。按顺序拖曳相关指令至代码区，单击"运行"按钮，观察运行结果。可以看到，画笔画出了一个尖角，如图 13-17 所示。

将步骤①～步骤④重复 5 次，就能画出完整的正五角星了。拖曳"重复执行"指令至代码区，如图 13-18 所示。

单击"运行"按钮，观察运行结果。可以看到，画笔很快画出了一个正五角星。

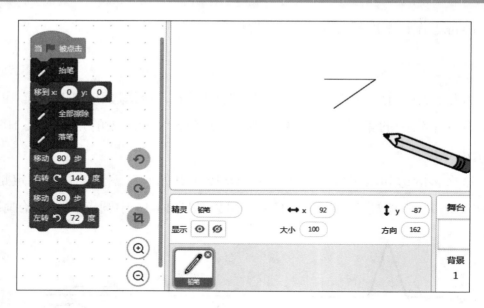

图 13-17　画一个尖角

3. 调试和保存

按照图 13-18 中的代码，画出了一个蓝色边线的正五角星。改变画笔颜色和粗细再画一个正五角星。

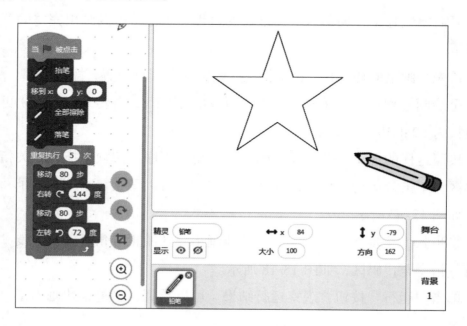

图 13-18　完整的正五角星

按照之前学习的方法，增加画笔颜色指令和画笔粗细指令，参考图 13-19。

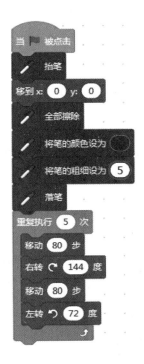

图 13-19　增加颜色和粗细指令

单击"运行"按钮，观察运行结果。调试完成后，按之前学习的方法保存项目。

任务 13.3　扩展阅读：国旗上的五角星

五角星最早被发现在美索不达米亚的文献资料里，可以追溯到大约公元前 3000 年。苏美尔语中五角星是被用作 UB 的象形文字，意思是墙角、角度、隐蔽处、小房间、空洞、孔、陷阱。在苏美尔语象形文字字典中，它代表数字 306，并且被表现为两角向上。在巴比伦语的文献中，五角星的五条边有可能表示定位：前、后、左、右和上。在古代中国的阴阳五行里，五行相生相克的连线刚好是五角星。

五角星具有"胜利"的含义。被很多国家的军队作为军官（尤其是高级军官）的军衔标志使用，也常常运用在旗帜上。有许多国家的国旗设计都包含五角星，如埃塞俄比亚、摩洛哥、越南、朝鲜、中华人民共和国、美国等。很多时候，五角星的中间被填满，移除了五边形和 5 个等腰三角形之间的分界。

国旗是国家的标志性旗帜，是国家的象征，它通过一定的样式、色彩和图案反映一个国家的政治特色和历史文化传统。

中华人民共和国国旗是五星红旗。旗面为红色，象征革命。旗上的五颗五角星及其相互关系象征中国共产党领导下的革命人民大团结。星用黄色是为了在红底上显出光明，黄色较白色明亮美丽；四颗小五角星各有一尖正对着大星的中心点，表示围绕着一个中心而团结，在形式上也显得紧凑美观。旗面为长方形，长宽比为 3:2，五颗星在旗面左上方 1/4 处，旗杆套为白色。

五颗星星主要体现的是一颗大五星（指中国共产党）和四颗小五星（指广大人民群众）之间的关系。中间那颗大五角星代表中国共产党的领导，周围四颗小五角星代表广大人民群众，当时的广大人民群众包括 4 个阶级：工人阶级、农民阶级、小资产阶级、民族资产阶级。社会主义中国就由这 5 种主要成分构成。

任务 13.4　总结与评价

先分组进行总结，分别说出制作过程及体会，写出书面总结。再互相检查制作结果，集体给每一位同学打分。

1. 任务完成大调查

完成项目后在表 1-1 所示打分表中打√。

2. 行为考核指标

行为考核指标，主要采用批评与自我批评、自育与互育相结合的方法。采用自我考核和小组考核后班级评定的方法。班级每周进行一次民主生活会，就行为指标进行评议，可用如表 1-2 所示评分表进行自我评价。

③．集体讨论

分组讨论：画正五角星时，旋转的角度是如何确定的？

④．思考与练习

（1）学会了画五角星的方法，按照相似的思路编写画圆形的程序。

（2）如果能画出一个圆形，试试编写画出奥运五环图形的程序。